中等职业学校工程测量专业实训教材

数字化测图实训教程

王朝林　主编

黄河水利出版社
·郑州·

图书在版编目(CIP)数据

数字化测图实训教程/王朝林主编．—郑州：黄河水利出版社，2014．12

中等职业学校工程测量专业实训教材

ISBN 978－7－5509－0883－3

Ⅰ．①数…　Ⅱ．①王…　Ⅲ．①数字化测图－中等专业学校－教材　Ⅳ．①P231．5

中国版本图书馆CIP数据核字(2014)第194300号

出 版 社：黄河水利出版社

地址：河南省郑州市顺河路黄委会综合楼14层　　邮政编码：450003

发行单位：黄河水利出版社

发行部电话：0371－66026940、66020550、66028024、66022620(传真)

E-mail：hhslcbs@126．com

承印单位：河南承创印务有限公司

开本：787 mm×1 092 mm　1/16

印张：3．75

字数：87千字　　印数：1—2 000

版次：2014年12月第1版　　印次：2014年12月第1次印刷

定价：20．00元

中等职业学校工程测量专业实训教材
编写委员会名单

前　言

数字化测图实训是数字化测图课程教学的重要组成部分，是巩固和深化课程所学知识的必要环节。编写本实训教程的目的是培养学生理论联系实际、分析问题和解决问题的能力以及实际动手操作能力，培养学生热爱专业、热爱集体和艰苦奋斗的精神，严肃认真、一丝不苟、精益求精的工作作风以及爱护仪器、团结协作的职业道德。通过实训，学生应掌握全站仪的使用方法，能独立进行小地区大比例尺数字地图的测绘，掌握利用南方 CASS 数字成图软件编绘数字地图的方法。同时，通过实训，学生可在业务组织能力和实际工作能力方面得到锻炼，为今后从事测绘工作打下良好基础。

本书由甘肃省水利水电学校王朝林担任主编，甘肃省水利水电学校高平参加编写。

由于编者水平有限，本书内容可能存在疏漏之处，请读者批评指正。

编　者

2014 年 5 月

目 录

实训项目一　全站仪的认识和使用

一、目的

(1)熟悉全站仪各部件的名称。
(2)了解全站仪各部件的作用。
(3)学会全站仪的使用方法。

二、实训安排

(1)实训时数为 2 学时。
(2)每个实训小组由 4 ~5 人组成,每个人轮流进行操作。
(3)每个实训小组完成 1 个水平角、2 个边长、2 个高差、2 点坐标的观测。
(4)每组领用全站仪主机 1 套,2 m 钢尺 1 把,棱镜 1 套,测钎 1 根。

三、实训内容、方法及步骤

(一)全站仪的部件名称

全站仪的部件名称如图 1-1 所示。

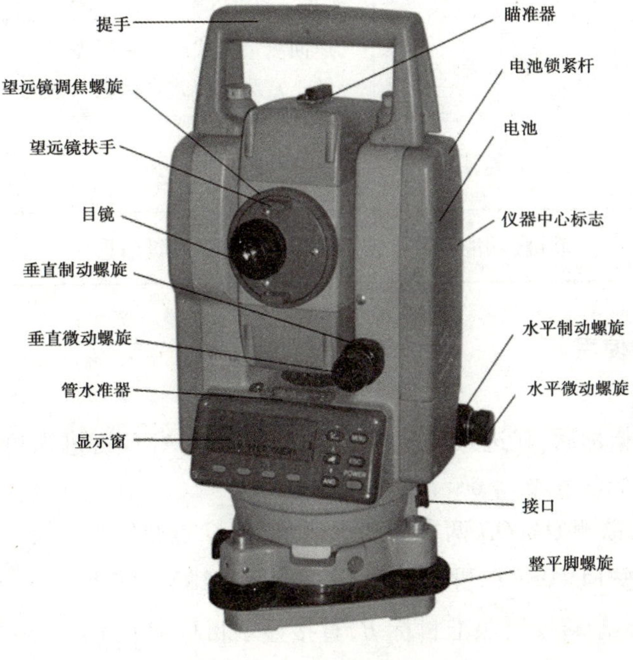

图 1-1　全站仪的部件名称

（二）全站仪的按键名称、功能

全站仪的按键如图 1-2 所示，其名称、功能见表 1-1。

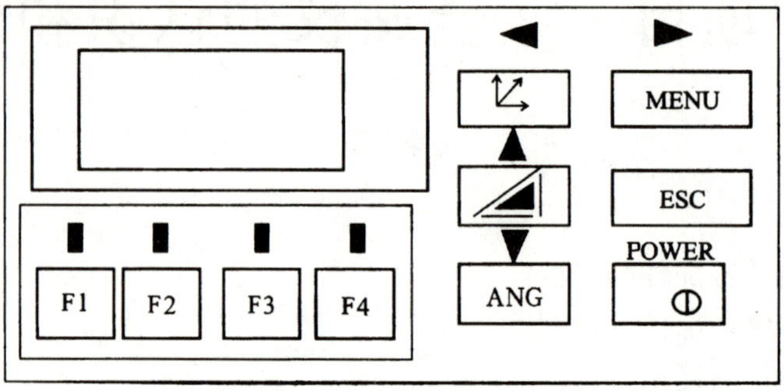

图 1-2　全站仪的按键

表 1-1　全站仪的按键名称、功能

按键	名称	功能
	坐标测量键	坐标测量模式
	距离测量键	距离测量模式
ANG	角度测量键	角度测量模式
MENU	菜单键	在菜单模式和正常测量模式之间切换，在菜单模式下设置应用测量与调节方式
ESC	退出键	返回测量模式或上一层模式 从正常测量模式直接进入数据采集模式或放样模式
POWER	电源键	电源开关
F1 ~ F4	软键（功能键）	对应于显示的软键信息

（三）全站仪的使用

1. 角度测量

开机设置读数指标后，就进入角度测量模式，或者按 ANG 键进入角度测量模式。

1）水平角右角和垂直角测量

如图 1-3 所示，欲测 OA、OB 两方向的水平角，在 O 点整置仪器后，照准目标 A，按 F1（0SET）键和 YES 键，可设置目标 A 的水平读数为 0°00′00″。旋转仪器照准目标 B，直接显示目标 B 的水平角和垂直角。

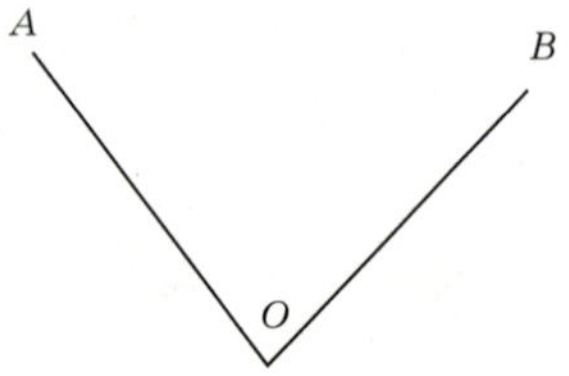

图 1-3　角度测量

2）水平角右角、左角的切换

在角度测量模式下，按 F4（↓）键两次转到第 3 页功能，每按 F2（R/L）一次，右角、左角交替切换一次。通常使用右角模式观测。

3）水平读数设置

水平读数设置有两种方法。

方法 1：通过锁定水平读数进行设置。先转动照准部，使水平读数接近要设置的读数，接着用水平微动螺旋旋转至所需的水平读数，然后按 F2（HOLD）键，使水平读数不变，再转动照准部照准目标。按 YES 键完成水平读数设置。

方法 2：通过键盘输入进行设置。先照准目标，再按 F3（HSET）键，按提示输入所要的水平读数。

2. 距离测量

在角度测量模式下，照准棱镜中心，按◢键，即开始连续测量距离，显示内容从上往下依次为水平角（HR）、平距（HD）和高差（VD）。若再按◢键一次，显示内容变为水平角（HR）、垂直角（V）和斜距（SD）。

注意：当光电测距正在工作时，HD 右边出现“＊”标志。

3. 坐标测量

选择坐标测量模式⊿。

设置测站：在坐标测量模式下，通过第 2 页的 F1（R. HT）、F2（INS. HT）、F3（OCC）分别输入测站点坐标、仪器高、棱镜高。

全站仪定向：在角度测量模式下，照准定向点（后视点），设定测站点到定向点的水平度盘读数（设定为方位角），完成全站仪的定向。

坐标测量：在碎部点立棱镜，照准立于碎部点的棱镜，按⊿键开始测量，显示碎部点坐标（N，E，Z），即（X，Y，H）。

四、注意事项

（1）在指导教师演示后进行操作。

（2）严禁将照准镜头对向太阳或其他强光。

（3）拆、装电源时，必须关闭电源开关。

（4）测量工作完成后应注意关机。

（5）应避开高压线、变压器等强电场干扰源，保证测量信号正确。

（6）发现仪器功能异常时，应及时报告指导教师，不可擅自拆开仪器，以免发生不必要的损坏。

五、应交成果

每人上交实训报告一份。其中，电子全站仪使用记录表格见表 1-2。

表 1-2　电子全站仪使用记录表格

仪器型号　　　　日期　　　　班组　　　　姓名

仪器高：　　　　　　　　　　　　　　　觇标高：

测站	目标	水平角	垂直角	斜距	平距	高差

实训项目二　测记法野外数据采集

一、目的

(1)了解测记法野外数据采集的过程。

(2)学会全站仪程序模式下碎部点坐标采集方法。

二、实训安排

(1)实训时数为2学时。

(2)每个实训小组由4~5人组成,每个人轮流进行操作。

(3)每个实训小组完成两点之间高差的观测。

(4)每组领用全站仪主机1套,反光棱镜1组,钢钎1根,以及草图记录纸和笔等。

三、实训内容、方法及步骤

(一)GTS2000系列仪器

1. 整置仪器

在测站点上对中、整平仪器。

2. 建立文件

按下仪器电源开关(POWER),转动望远镜,使全站仪进入观测状态,再按[MENU]键,进入主菜单。在程序模式下,选择[F1](DATA COLLECT)键,使仪器进入数据采集工作状态。此时,提示输入数据采集文件名(见图2-1)。

```
SELECT A FILE
  FN:__________

INPUT LIST  - - -  ENTER
```

图2-1　提示输入数据采集文件名界面

可在"LIST"下通过按[▲]或[▼]键上下滚动文件目录,选定一个文件名;也可直接输入文件名。

3. 测站设置

在数据采集菜单1/2下,选择[F1](OCC. PT# INPUT)键,分别输入测站点的点号(PT#)或坐标(N,E,Z)、测站编码(ID)、仪器高(INS. HT)。按[F4](OCNEZ)键输入测站点点号或坐标。最后按[F3](REC)键记录测站点数据。

测站点数据可由下列两种方法设定:

(1)调用内存中的坐标数据。

(2)直接由键盘输入。

若采用无码作业,测站可不输入编码(ID),按[▼]键跳过去;若测平面图,仪器高(INS. HT)可不输入。

4. 输入后视点(定向点)数据

在数据采集菜单 1/2 下,按[F2](BACK SIGHT)键进入后视点(定向点)数据设置状态。按[F4](BS)键即可输入定向点坐标或定向角,通过按[F3](NE/AZ)键可使输入方法在坐标值、设置水平角和坐标点名之间交替切换。

后视点数据可由下列三种方法设定:

(1)调用内存中的坐标数据。

(2)直接键入后视点坐标。

(3)直接键入定向边方位角。

5. 定向

在测站点数据和后视点数据输入完后,按[F3](MEAS)键,再照准后视点,选择一种测量模式,如按[F2](SD)键,进入斜距测量;按[F3](NEZ)键,进入坐标测量。这时,水平度盘自动设置为后视点的方位角值,然后返回数据采集菜单 1/2。

6. 碎部点测量

在数据采集菜单 1/2 下,按[F3](FS/SS)键,即开始碎部点测量。照准目标(棱镜),依次输入点号、编码、目标高(镜高),选择某一测量方式(如斜距(SD)或坐标(NEZ))开始测量、记录。

最后,返回初始界面,关机。

数据采集菜单操作流程如图 2-2 所示。

(二)三鼎 STS750R 仪器

(1)按菜单键进入菜单 1/2 界面。

(2)按 F1 软键(应用程序)进入应用程序界面 1/3。

(3)按 F1 软键(测量)进入测量设置界面 1/3。

(4)设置作业:按 F1 软键(设置作业)进入设置作业界面,进行作业的设置,按 F4“确认”,返回测量设置界面 1/3。

(5)设置测站:按 F2 软键(设置测站)进入设站作业界面,输入站点点名、坐标及仪器高,按 F4“确认”,返回测量设置界面 1/3。

(6)定向:按 F3 软键(定向)进入定向作业界面,通过人工输入角度或坐标的方式完成后视定向,按 F3“设定”,返回测量设置界面 1/3。

(7)开始测量:按 F4 软键(开始)进入测量作业界面 1/3,瞄准目标,按 F1“测存”,完成目标点的观测和记录。

(8)返回初始界面,关机。

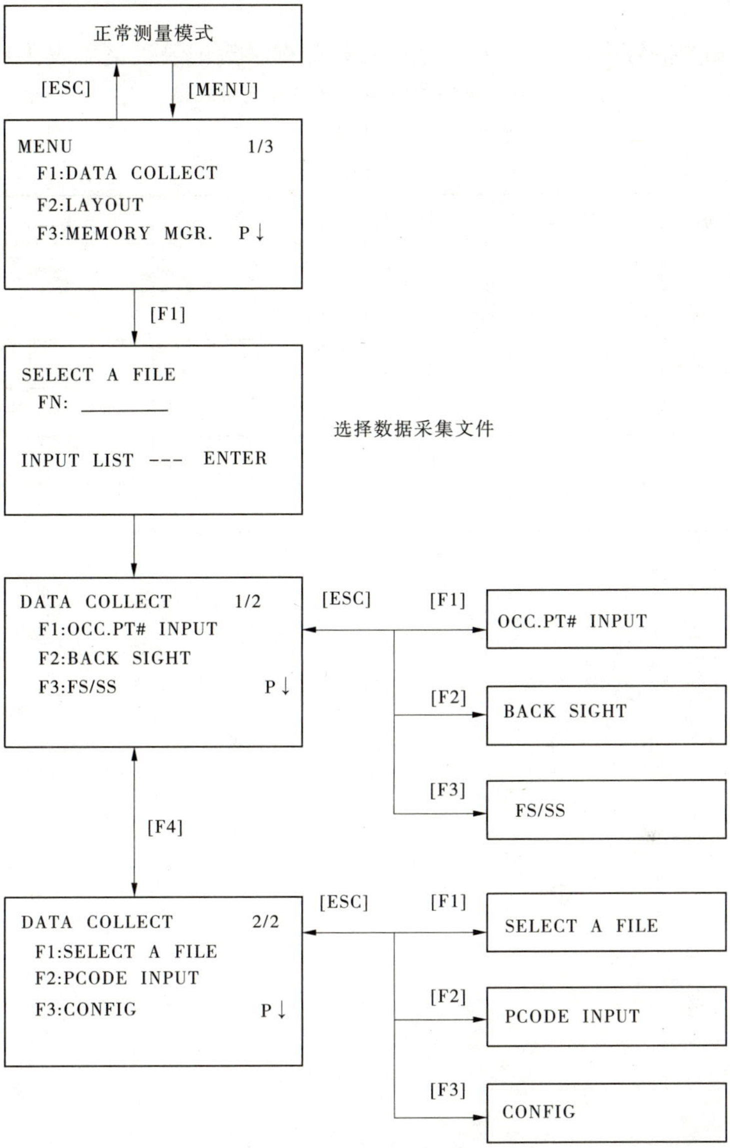

图 2-2　数据采集菜单操作流程

四、注意事项

(1)在指导教师演示后进行操作。

(2)测量工作完成后应注意关机。

五、应交成果

每人上交实训报告一份。其中,全站仪野外数据采集记录表格见表 2-1。

表 2-1　全站仪野外数据采集记录表格

仪器型号　　　　日期　　　　班组　　　　姓名

仪器高:　　　　　　　　　　　　　　　　觇标高:

测站	目标	水平角	垂直角	X	Y	H

实训项目三　数据传输

一、目的

(1)学会正确地用通信电缆将全站仪与计算机连接起来。

(2)熟悉全站仪、CASS软件数据通信参数的设置。

(3)掌握全站仪与计算机之间的数据传输。

二、实训安排

(1)实训时数为2学时。

(2)每个实训小组由4~5人组成,每个人轮流进行操作。

(3)每组领用全站仪主机1套,计算机1台,传输软件1套。

三、实训内容、方法及步骤

(一)GTS2000与CASS软件之间的数据传输

1. 硬件连接

选择正确的数据线将全站仪与计算机正确连接起来,见图3-1。

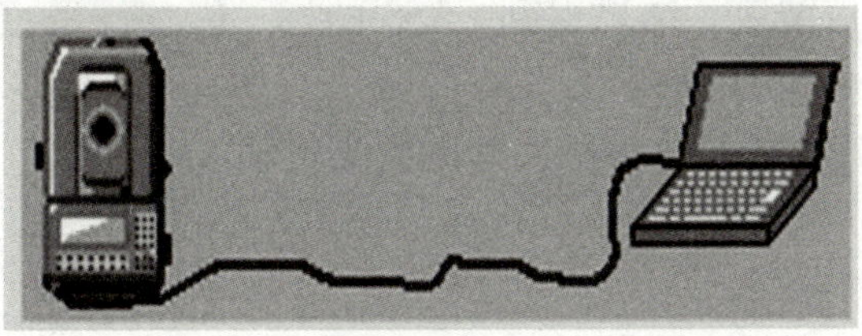

图3-1　全站仪与计算机之间的连接

2. 设置通信参数

1)全站仪设置

- 开机。
- 在键盘上按菜单(MENU)→菜单界面。
- 在菜单界面上按F3→存储管理界面1/3。
- 在存储管理界面1/3上按F4 两次→存储管理界面3/3。
- 在存储管理界面3/3上按F1(数据通信)→数据传输界面。
- 在数据传输界面上按F3→通信参数设置界面。
- 按F1、F2、F3、F4进行设置和翻页。

2)计算机设置

执行CASS软件“数据”菜单下的“读全站仪数据”命令,在弹出的对话框中选择相应型号的仪器，设置通信参数（通信口、波特率、校验、数据位、停止位），注意应与全站仪内部通信参数设置相同，选择文件保存位置，输入文件名，并选中“联机”选项（见图 3-2）。

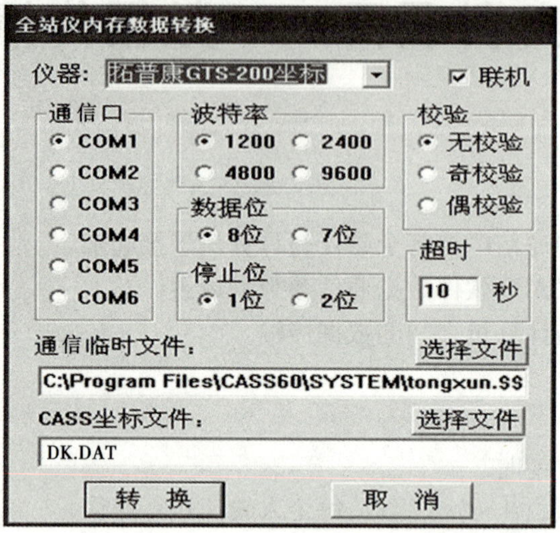

图 3-2 “全站仪内存数据转换”对话框

点击“转换”按钮，即弹出如图 3-3 所示的提示对话框。

3. 传输数据

全站仪端设置过程如图 3-4 所示。

在计算机上按“确定”按钮，命令区便逐行显示点位坐标信息，直至通信结束。结果得到 CASS 的标准坐标数据文件（扩展名为 DAT）。

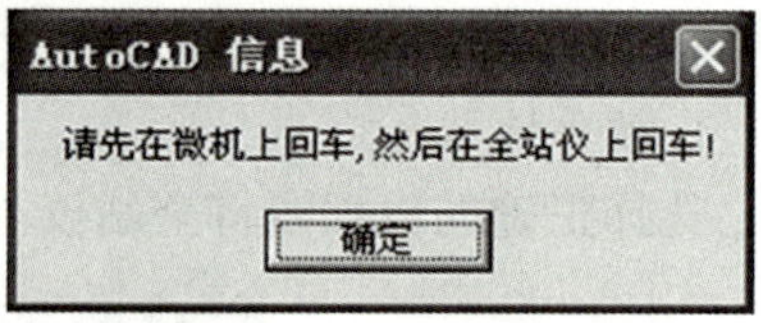

图 3-3 提示对话框

（二）三鼎 STS750R 仪器与计算机之间的数据传输

（1）连接数据线。

（2）参数设置。

①全站仪参数设置：开机→按菜单键进入菜单 1/2→按翻页键进入菜单 2/2→按 F2 软键（通信设置）进入通信设置界面，完成参数设置。

②计算机通信参数设置：打开三鼎测绘通信传输软件，点击“选项”下拉菜单中的“端口设置”子菜单，打开“通信设置”对话框，将通信参数设置为与全站仪内部通信参数一致，点击“确定”完成设置。

（3）点击传输软件左侧窗口的 COM1 目录，进行通信初始化。

（4）数据传输。

通信初始化成功后，左侧窗口显示全站仪上存储的全部作业，选择需要传输的作业及数据，点击鼠标右键，在弹出的菜单中选择“复制”，同时弹出文件下载对话框，在这里选择文件名及传输数据格式，点击“OK”开始传输数据。

四、注意事项

（1）在指导教师演示后进行操作。

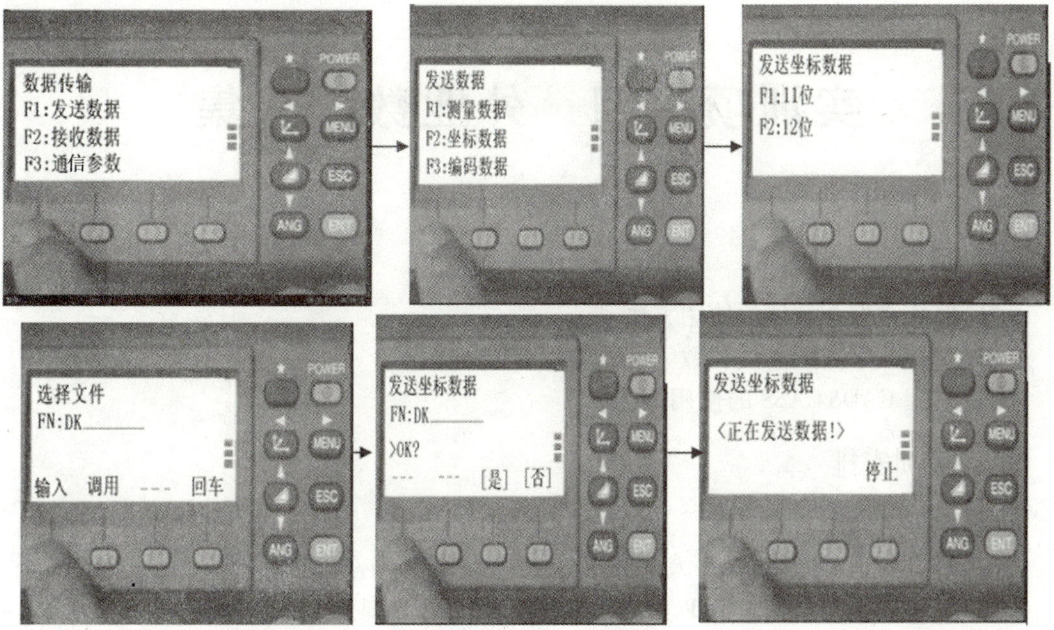

图 3-4 全站仪端设置过程

(2)数据传输工作完成后应注意关机。

五、应交成果

每人上交实训报告一份。

实训项目四　外业数据采集

一、目的

(1)熟练掌握全站仪的使用方法。

(2)掌握数字测图方法和数字成图软件的使用方法。

(3)掌握 CAD&CASS 的使用方法。

二、实训安排

(1)实训时间为 2 学时。

(2)每个实训小组由 4～5 人组成,每个人轮流进行操作。

(3)每组领用全站仪主机 1 套,串口数据线 1 根,三脚架 1 个,棱镜对中杆 1 副,3 m 钢卷尺 1 个。

(4)实训任务:

①各小组测绘学校中心花园。

②各小组根据指导教师给出的已知点测量学校中心花园。

③用数据线将全站仪与计算机联机,进行数据传输,并进行数据格式转换,用 CASS 进行展点绘图。

④将绘制的图形与实际比较,得到图形的“地物点坐标误差”、“地物间距误差”,制表并进行精度评估。

三、实训内容、方法及步骤

(一)测量

(1)确定测站点。确定测站点时,要尽量保证大的可视区域,同时还要保证有可通视的已知点。所以,在实际作业时一般将测站点定在树木、建筑物较少的道路上,以避免经常迁站。

(2)架设仪器。架设仪器时,要保证仪器架稳,一般将三脚架的腿间距稍微放大些,以保证平稳。角度过大时,将导致全站仪过低,给观测带来不便,同时也影响观测人员的行动;角度过小时,全站仪放置不稳,存在仪器损害的潜在危险。观测前,要进行仪器的校验,对准已知点,以保证数据均为可信数据。

(3)测站设置。按已知测站的坐标数据进行测站坐标的输入和后视点的确定。

(4)立棱镜,测量读数。立镜时,要保证镜杆尽量竖直,全站仪能够自动保存数据,读数较快。

(5)记录。本次外业数据采集采用的是无码作业,这种方法的优点是采集数据速度快,缺点是只能采集数据,无法对数据的性质进行分类记录,所以在观测的同时要进行草图的勾绘，如建筑物、道路等特殊数据就要在草图上记录下来，以便内业作业。

（二）草图绘制

地形图应表示测量控制点、居民地和垣栅、建（构）筑物及其他设施、交通及附属设施、水系及附属设施、、植被等要素。

在测量的过程中，已知点的取舍和测量至关重要，测点过密，造成成图密集，不该要的要了；测点过少，就不能把握地形的基本要素。因此，对于已知点的确定，应注意以下几点：

（1）测量控制点均应展绘在图上并加注记。控制点按地物精度测定平面位置。

（2）测绘居民地和垣栅。居民地按实地轮廓测绘，房屋以墙基为准正确测绘出轮廓线，并注记建材质料和楼房层次，依据不同结构、不同建材质料、不同楼房层次等情况进行分割表示。

小道中的绿化带及中心花园应绘出。

按比例尺表示的垣栅，应准确测出基部轮廓并配置相应的符号；不按比例尺表示的垣栅，应测绘出定位点、线并配置相应的符号。

（3）凡具有判定方位、确定位置、指示目标的设施均应测注高程点，例如水塔、门岗、停车棚、宿舍等。

（4）独立地物是判定方位、指示目标、确定位置的重要依据，必须准确测定位置。

（5）交通及附属设施的测绘。所有的小路、车路均应测绘。

（6）植被的测绘。应表示出植被的类别和分布范围。地类界按实地分布范围测绘。

（三）内业数据传输

格式转换：将保存的数据文件转换为成图软件（如 CASS）格式的坐标文件格式。执行下拉菜单“数据/读全站仪数据”命令，在“全站仪内存数据转换”对话框中的“通信临时文件”文本框中，输入需要转换的数据文件名和路径，在“CASS 坐标文件”文本框中输入转换后保存的数据文件名和路径。这两个数据文件名和路径均可以单击“选择文件”，在弹出的标准文件对话框中输入。单击“转换”按钮，即完成数据文件格式转换。

四、注事事项

（1）在指导教师演示后进行操作。

（2）测量工作完成后应注意关机。

五、应交成果

每人上交实训报告一份。

实训项目五　AutoCAD 的认识和使用

一、目的

(1)熟悉 AutoCAD 系统的用户界面。
(2)学会点、线、面二维图形的绘制。
(3)学会二维图形的修改、编辑。

二、实训安排

(1)实训时间为 2 学时。
(2)每人使用装有 AutoCAD 绘图软件的计算机 1 台。

三、实训内容、方法及步骤

(一)AutoCAD 系统用户界面的认识

AutoCAD 系统用户界面如图 5-1 所示。

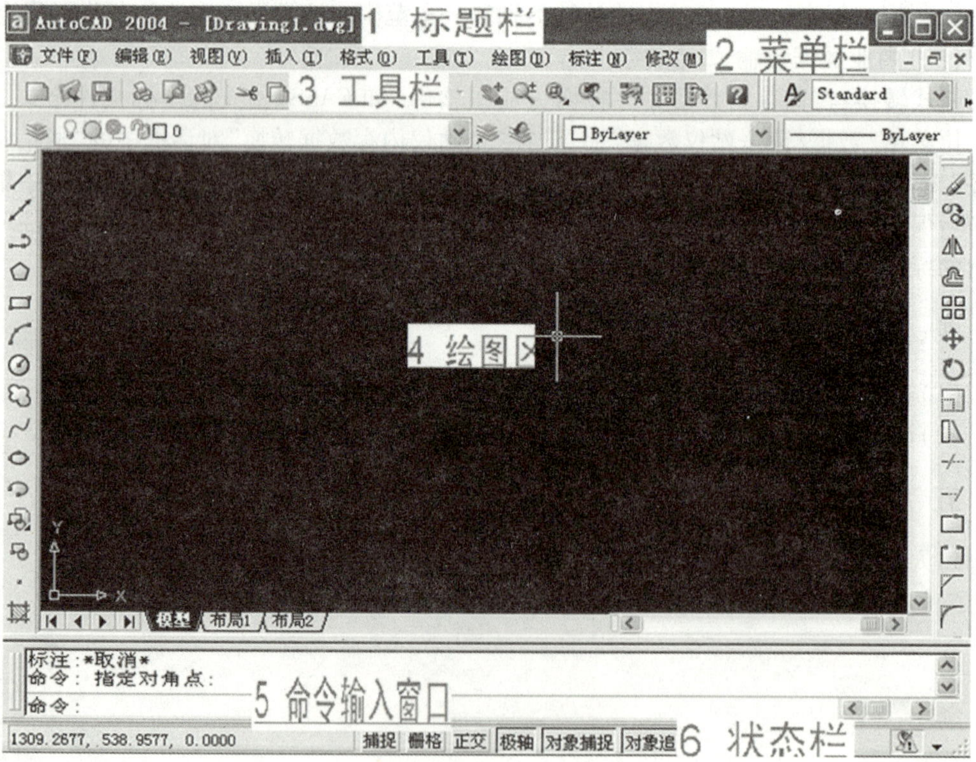

图 5-1　AutoCAD 系统用户界面

（二）二维图形绘图

绘图方式：输入命令、点击工具图标、选择菜单命令。

（1）POINT（点）的绘制。

（2）线的绘制：

绘制直线命令 LINE（L）；

绘制多义线命令 PLINE（PL）。

（3）绘制圆、弧、椭圆：

绘制圆命令 CIRCLE（C）；

绘制圆弧命令 ARC；

绘制椭圆命令 ELLIPSE。

（三）二维图形编辑

选择命令 SELECT；

平移命令 PAN（P）；

移动命令 MOVE（M）；

缩放命令 ZOOM（Z）；

删除命令 ERASE（E）；

复制命令 COPY；

修剪命令 TRIM；

延伸命令 EXTEND；

取消操作命令 UNDO（U）；

镜像复制命令 MIRROR；

重新恢复命令 REDO（R）；

偏移复制命令 OFFSET；

旋转命令 ROTATE；

比例缩放命令 SCALE；

分解命令 EXPLODE；

截断命令 BREAK；

标注命令 DIM、DIMLINEAR（线性标注）、DIMORDINATE（坐标标注）、DIMRADIUS（半径标注）、DIMDIAMETER（直径标注）、DIMANGULAR（角度标注）；

图形信息查询命令 DIST（距离）、AREA（面积）、ID（坐标）、LIST（实体特性参数）、STATUS（图形文件特性信息）。

四、注意事项

（1）在指导教师演示后进行操作。

（2）在绘图过程中注意及时存盘。

（3）绘图工作完成后应注意关机。

五、应交成果

每人上交实训报告一份。

实训项目六　平面图绘制

一、目的

(1)熟悉 CASS 软件界面。

(2)学会用测点点号法绘制平面图。

二、实训安排

(1)实训时间为 2 学时。

(2)每人所需实训仪器和工具:计算机 1 台,绘图软件 1 套,已测数据文件 1 个,草图 1 幅。

三、实训内容、方法及步骤

(一)展点

移动鼠标至屏幕的顶部菜单"绘图处理"→"展野外测点点号"处按左键,便出现对话框。输入对应的坐标数据文件名后,便可在屏幕上展出野外测点的点号。图 6-1 为华科中院. DAT 部分展点图。

(二)选择"测点点号"屏幕菜单

在屏幕菜单(见图 6-2)的一级菜单"定点方式"中选取"测点点号",系统将弹出一个对话框,提示选择点号对应的坐标数据文件名。输入坐标数据文件名并单击"打开"后,系统将所有数据读入内存,同时命令区显示:

读点完成! 共读入 120 个点

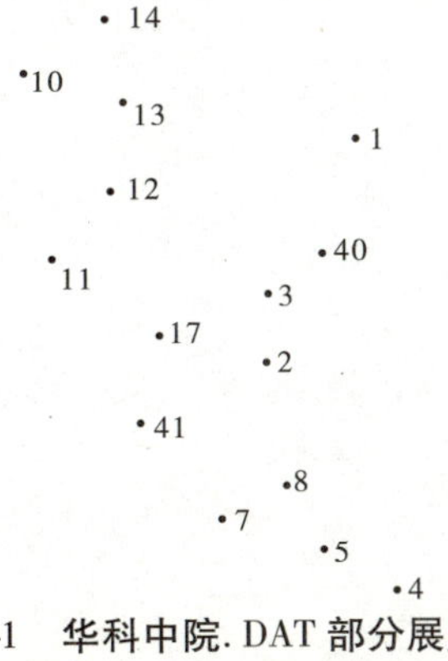

图 6-1　华科中院. DAT 部分展点图

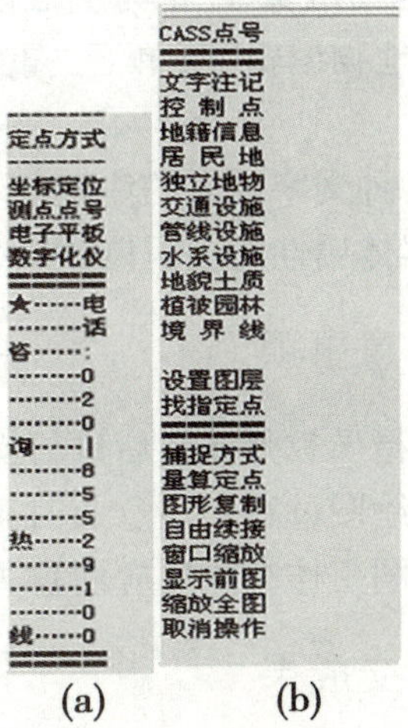

图 6-2　屏幕菜单

(三)绘平面图

将5号、8号、7号点连成一间普通房屋(见图6-3)。移动鼠标至屏幕菜单“居民地/一般房屋”处按左键,在系统弹出的对话框中的“四点房屋”图标处按左键,图标变亮,表示该图标已被选中,然后移鼠标至“确定”按钮处按左键。这时命令区提示:

1. 已知三点/2. 已知两点及宽度/3. 已知四点 <1>:回车

点 P/ <点号> 输入5,回车;

点 P/ <点号> 输入8,回车;

点 P/ <点号> 输入7,回车;

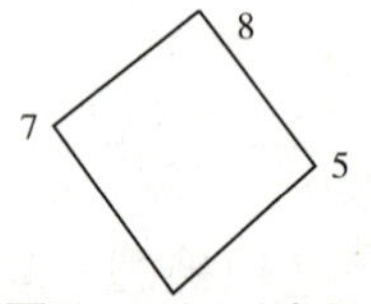

图6-3 矩形房屋

这样,即可把5,8,7三点连成一个矩形房屋,如图6-3所示。

类似以上操作,分别利用右侧屏幕菜单绘制其他地物。平面图作好后效果如图6-4所示。

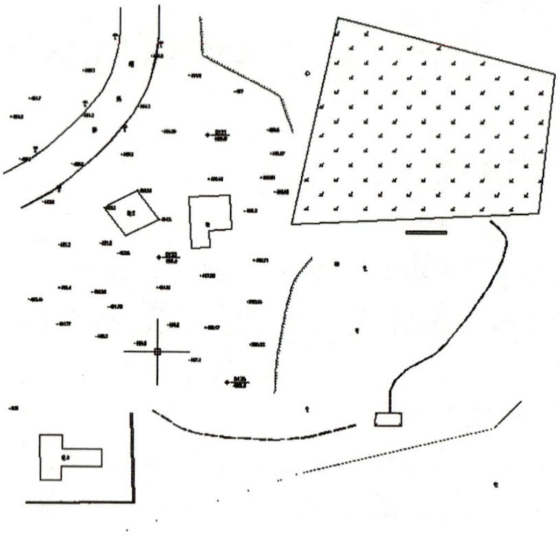

图6-4 平面图

(四)地物编辑、注记与属性修改

练习“地物编辑”菜单下“重新生成”、“线型换向”、“修改坎高”、“图形接边”等子菜单的使用。

练习各种文字要素的注记。

练习实体属性的编辑修改。

四、注意事项

(1)在指导教师演示后进行操作。

(2)在绘图过程中注意及时存盘。

(3)绘图工作完成后应注意关机。

五、应交成果

每人上交实训报告一份。

作业：
(1)以无码测记法为例，说明利用 CASS 软件绘制平面图的过程。
(2)图 6-5 为 CASS 的操作主界面，有很多组成部分，说明 1 ~ 7 所指组成部分名称。

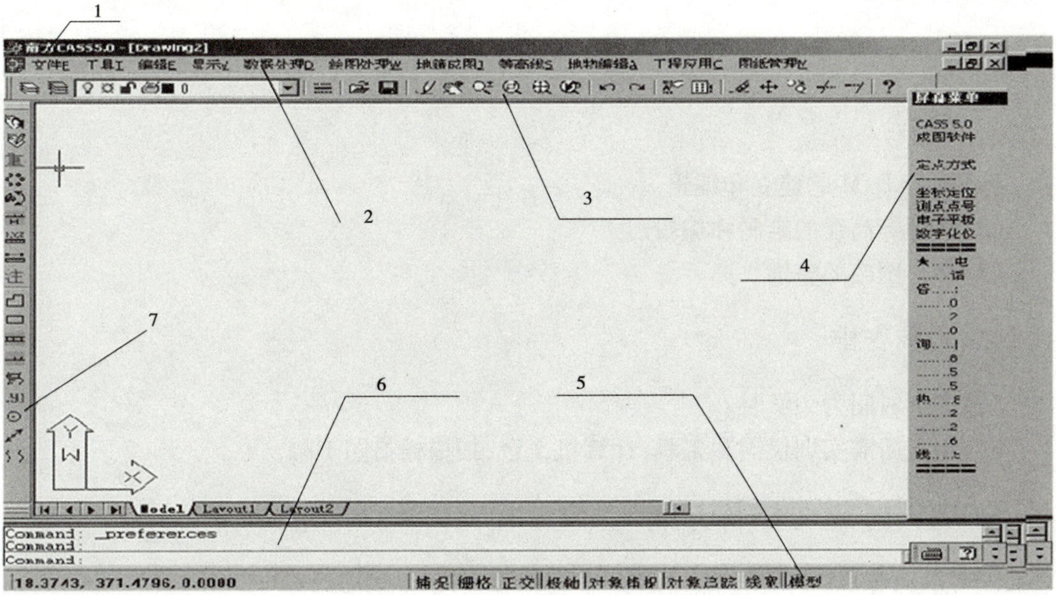

图 6-5　CASS 的操作主界面

实训项目七　等高线的绘制与编辑

一、目的

(1)练习 DTM 的建立和编辑。

(2)掌握等高线的绘制和编辑。

(3)学会图幅的整饰。

二、实训安排

(1)实训时间为 2 学时。

(2)每人所需实训仪器和工具:计算机 1 台,扫描栅格图 1 幅。

三、实训内容、方法及步骤

(一)展高程点

点击“绘图处理”下拉菜单中的“展高程点”子菜单(见图 7-1),在弹出的对话框中输入高程点坐标数据文件,单击“确定”,依据对话框中的选项选择注记高程点间的距离,显示展点图(见图 7-2)。

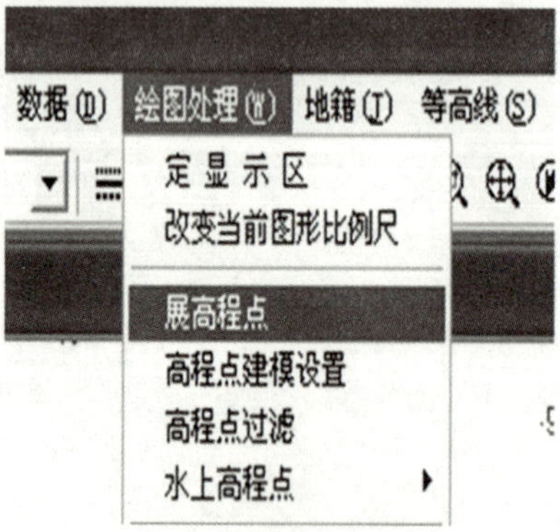

图 7-1　“展高程点”子菜单

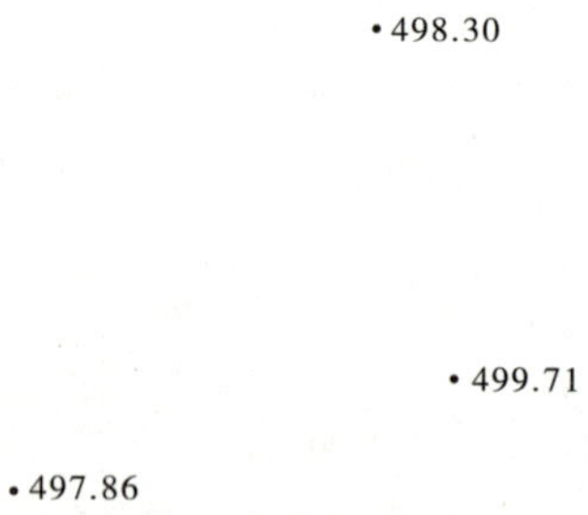

图 7-2　展点图

(二)建立数字地面模型(DTM)

用鼠标左键点取“等高线”菜单下的“建立 DTM”,如图 7-3 所示,将会弹出选择数据文件的对话框,找到所需数据文件,选择“OK”,依据命令区提示进行选择,完成三角网绘制(见图 7-4)。

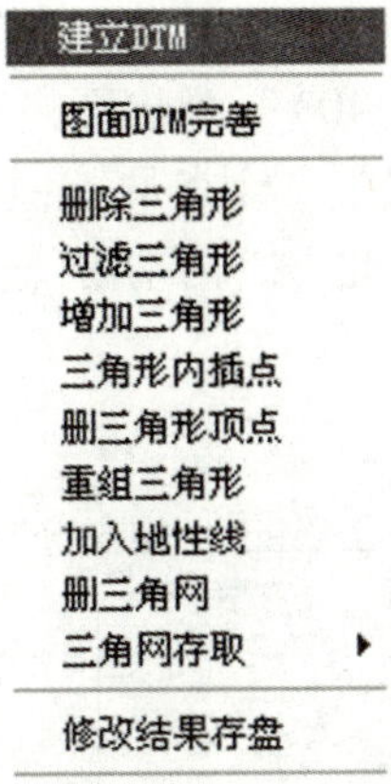

图 7-3 “建立 DTM”子菜单

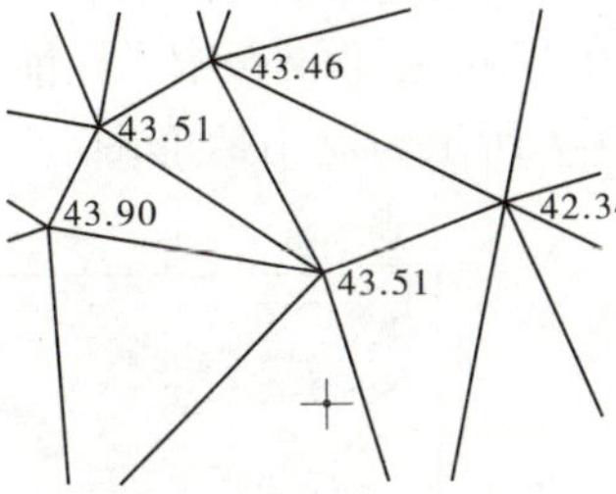

图 7-4 三角网

(三) DTM 编辑

(1)删除三角形。

(2)过滤三角形。

(3)增加三角形。

(4)三角形内插点。

(5)重组三角形。

(四) 绘等高线

用鼠标左键点取“等高线”菜单下的“绘等高线”，依据命令区提示输入等高距，选择拟合方式，完成等高线绘制，如图 7-5 所示。

图 7-5 绘制等高线

(五) 等高线编辑

执行“等高线”菜单下的“删除三角形”，“等高线\等高线修剪”下的“切除指定二线间等高线”或“切除指定区域内等高线”命令，程序将完成三角网的删除和自动进行等高线的修剪。

(六) 加注记

在平行等外公路上加“燕顺路”三个字的过程：用鼠标选择屏幕菜单中的“文字注记”功能项，点击“注记文字”项，然后点击“OK”，依据命令区提示选择字体大小、内容、位置。结果如图 7-6 所示。

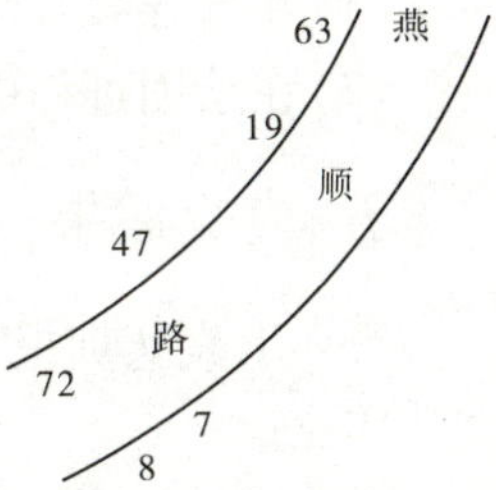

图 7-6 加注记

(七)加图框

用鼠标左键点击"绘图处理"菜单下的"标准图幅(50×40)",弹出图幅整饰对话框界面,在"图名"栏里输入"建设新村";在"测量员"、"绘图员"、"检查员"各栏里分别输入"张三"、"李四"、"王五";在"左下角坐标"的"东"、"北"栏内分别输入"53073"、"31050";在"删除图框外实体"栏前打钩,然后按"确认"即可。

如图7-7所示为灵山地形图。

图7-7　灵山地形图

(八)出图

用鼠标左键点取"文件"菜单下的"用绘图仪或打印机出图",进行出图。

当你一步一步地按着上面的提示操作时,最后就可以看到一份成果了。

四、注意事项

(1)在指导教师演示后进行操作。

(2)在绘图过程中注意及时存盘。

五、应交成果

每人上交实训报告一份。

作业:

说明CASS软件进行原图数字化的过程。

实训项目八　图像插入与纠正

一、目的与要求

(1)加深对原图数字化概念的理解。

(2)学会利用 CASS 软件完成原有地形图的数字化。

二、实训安排

(1)实训时间为 2 学时。

(2)每人完成扫描图形矢量化的过程。

(3)每人所需实训仪器和工具:计算机 1 台,绘图软件 1 套,扫描图件 1 幅。

三、实训内容、方法及步骤

利用 CASS 的“光栅图像”处理工具可以直接对扫描的栅格图像进行图形的纠正,并利用屏幕菜单进行图像矢量化。其主要操作步骤如下。

(一)图像格式转换

(1)打开画图工具,如图 8-1 所示。

(2)用画图工具打开图像,如图 8-2、图 8-3 所示。

(3)图像翻转,如图 8-4、图 8-5 所示。

(4)格式转换,如图 8-6、图 8-7 所示。

(二)图像插入

图像插入的过程如图 8-8 ~ 图 8-22 所示。

图 8-11 是将图像左下角点插入 CASS 中所建图框的左下角点。

图 8-12 是将图像确定在屏幕上,鼠标移动,比例尺可变,但注意不要盖住图框。

图 8-15 中鼠标所指图标必须在边缘。

注意图 8-16 ~ 图 8-21 中鼠标位置。

依次进行左上、右下、右上定位,如图 8-21、图 8-22 所示。

注意,图 8-21 中是仿射变换!

(三)纠正完毕

纠正完毕后结果如图 8-23 所示。

之后可以应用如图 8-24、图 8-25 所示的工具画图了。

图 8-1　打开画图工具

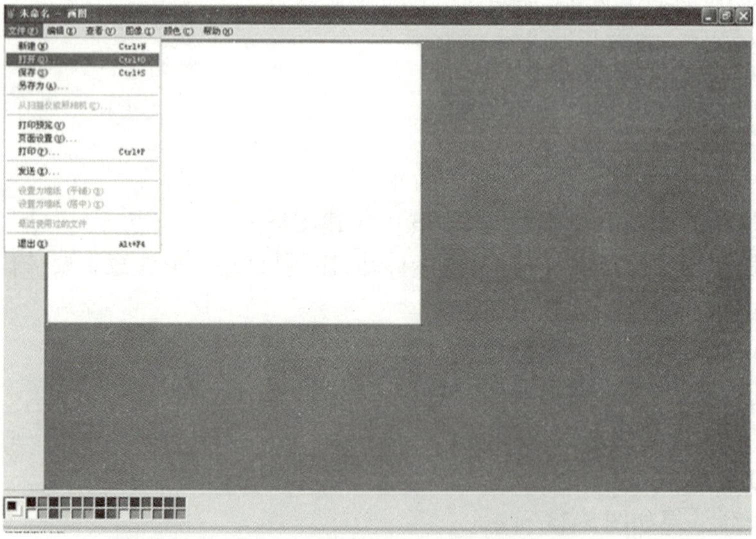

图 8-2　用画图工具打开图像(1)

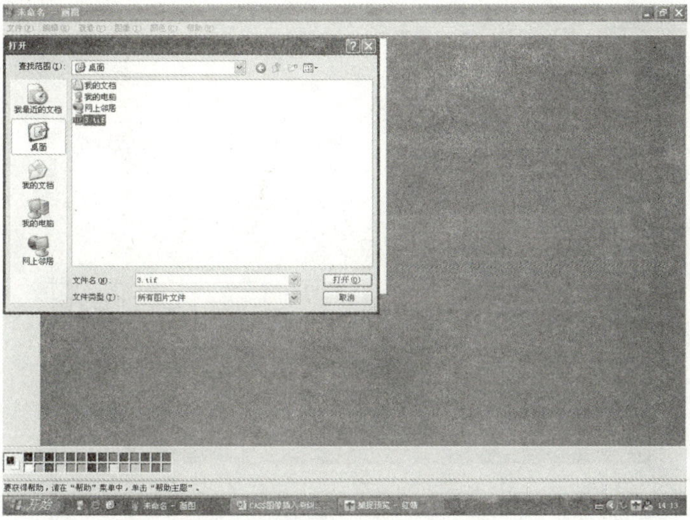

图 8-3　用画图工具打开图像(2)

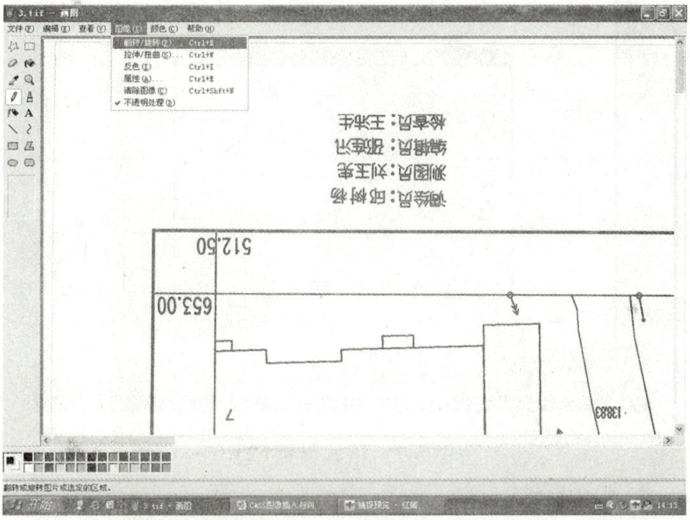

图 8-4　图像翻转

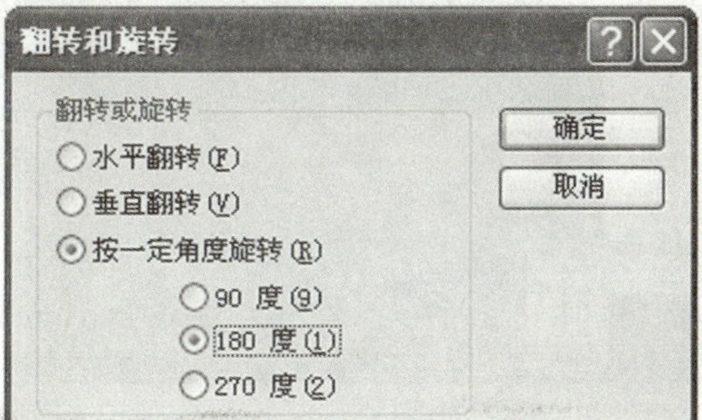

图 8-5　图像翻转和旋转

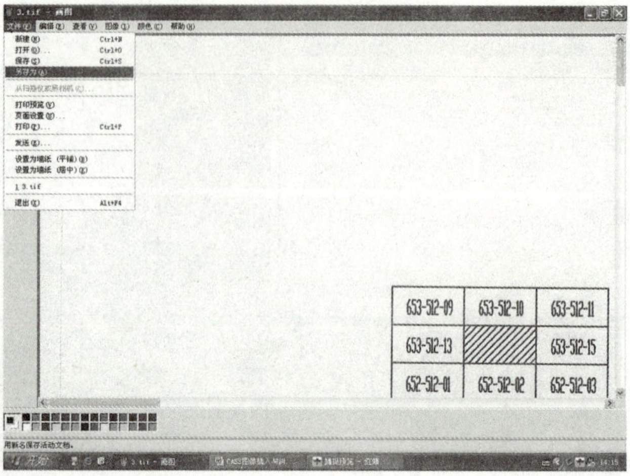

图 8-6　格式转换(1)

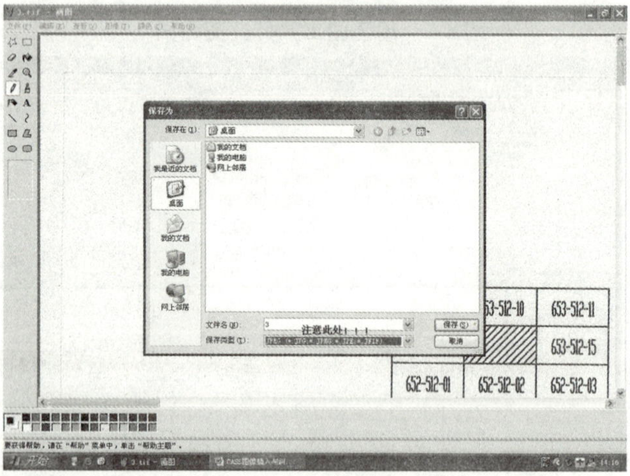

图 8-7　格式转换(2)

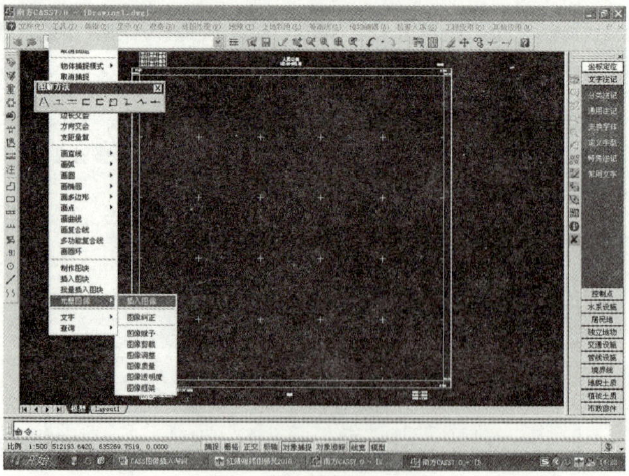

图 8-8　图像插入(1)

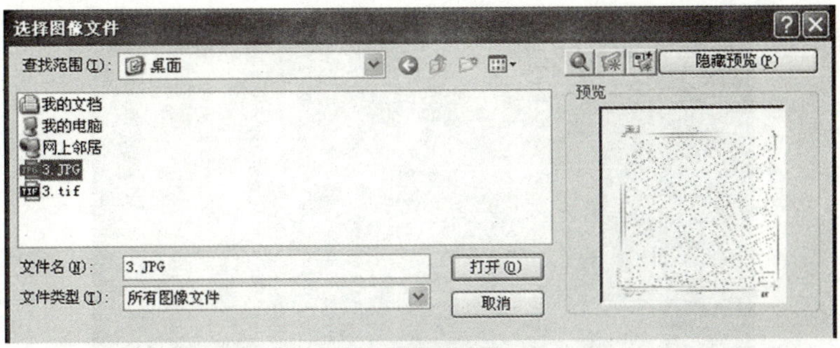

图 8-9　图像插入(2)

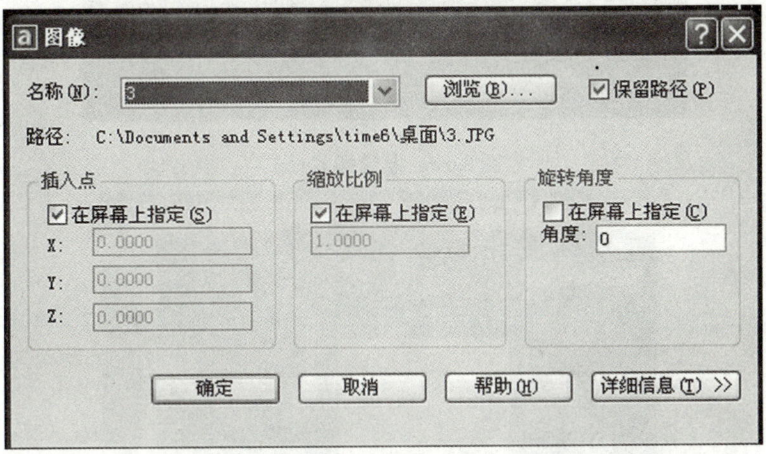

图 8-10　图像插入(3)

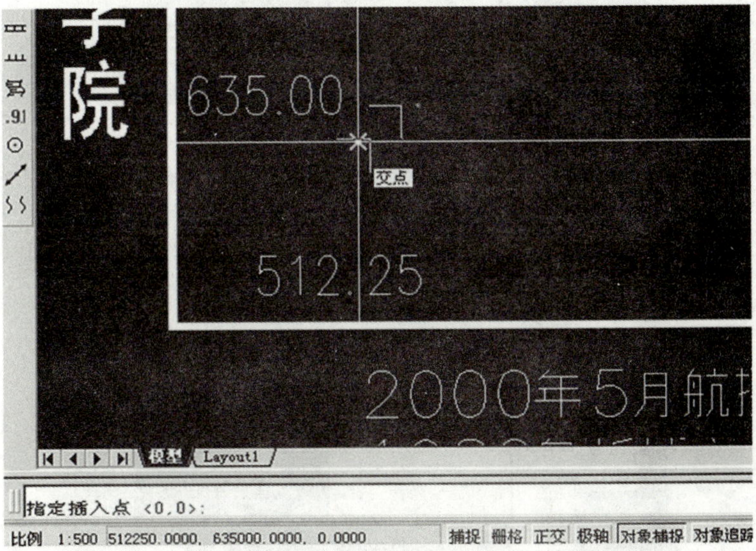

图 8-11　图像插入(4)

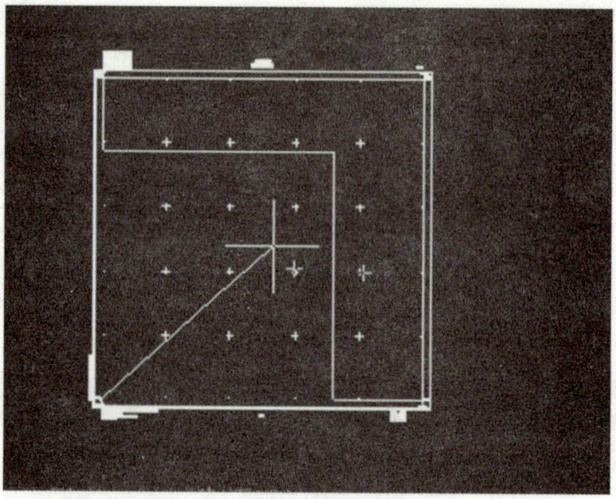

图 8-12　图像插入(5)

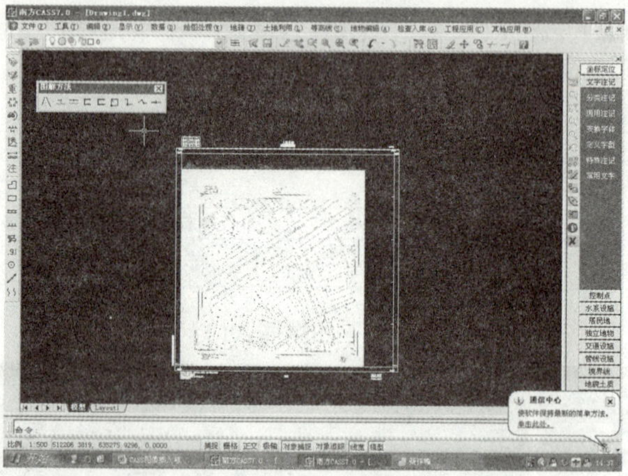

图 8-13　图像插入(6)

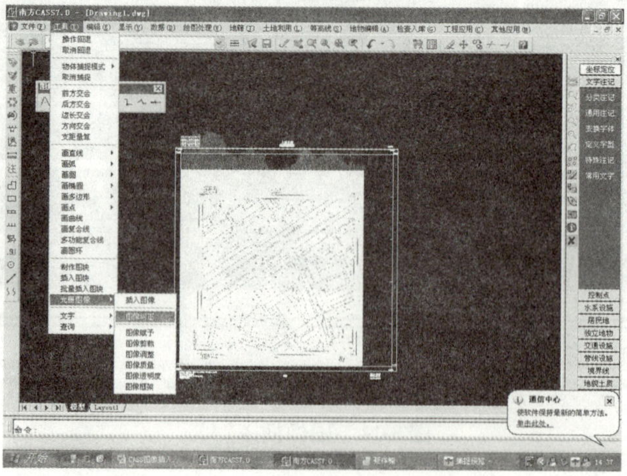

图 8-14　图像插入(7)

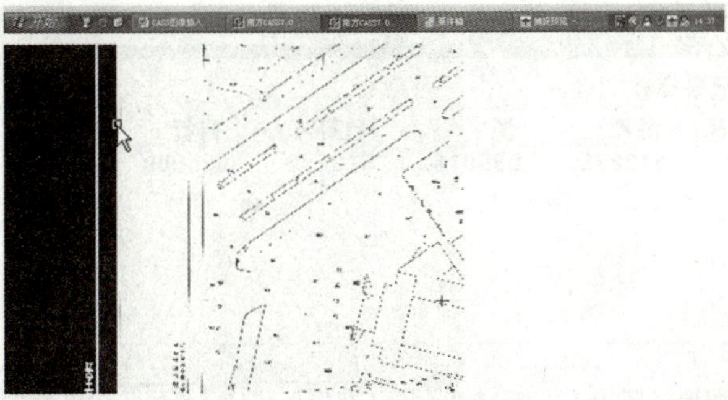

图 8-15　图像插入(8)

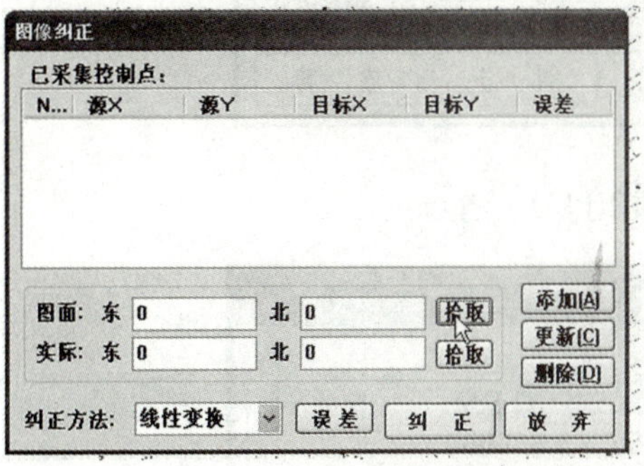

图 8-16　图像插入(9)

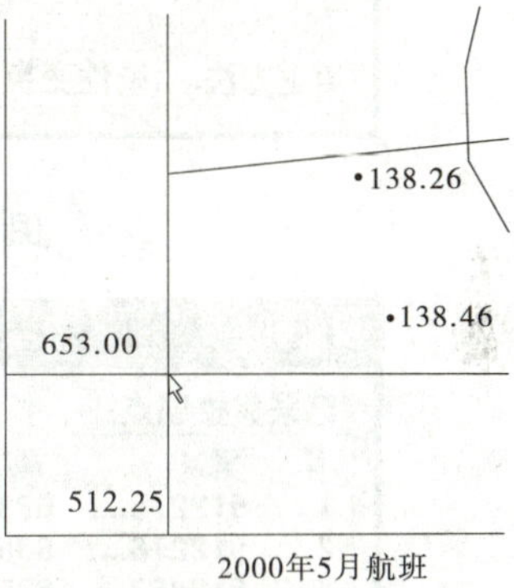

图 8-17　图像插入(10)

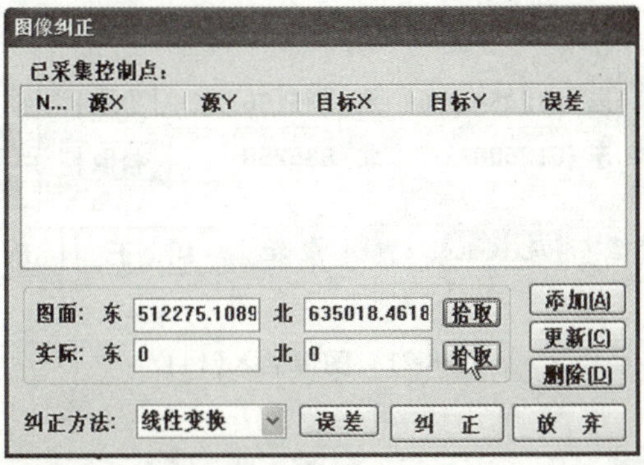

图 8-18　图像插入(11)

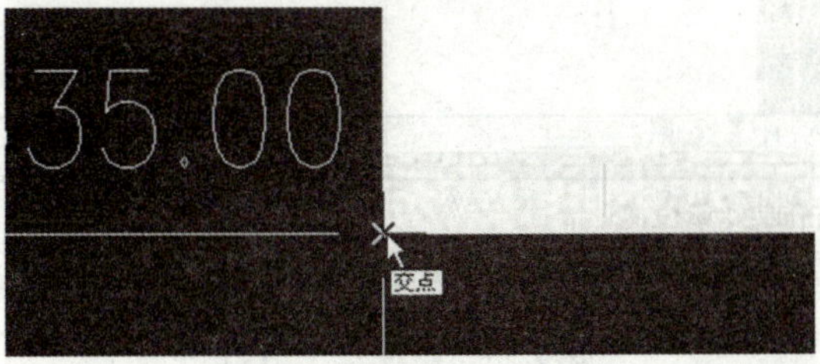

图 8-19　图像插入(12)

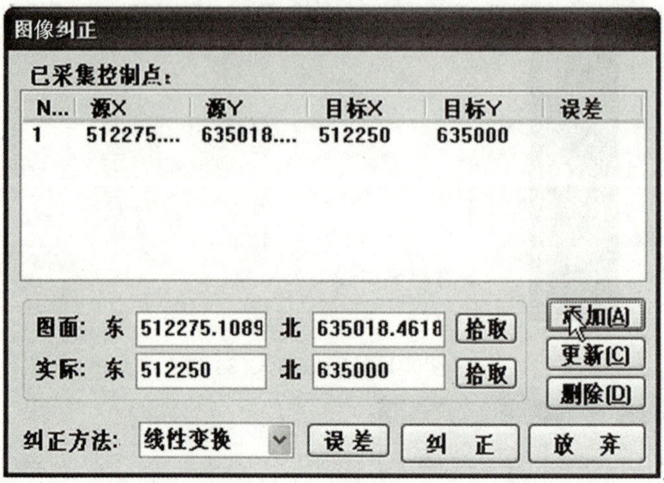

图 8-20　图像插入(13)

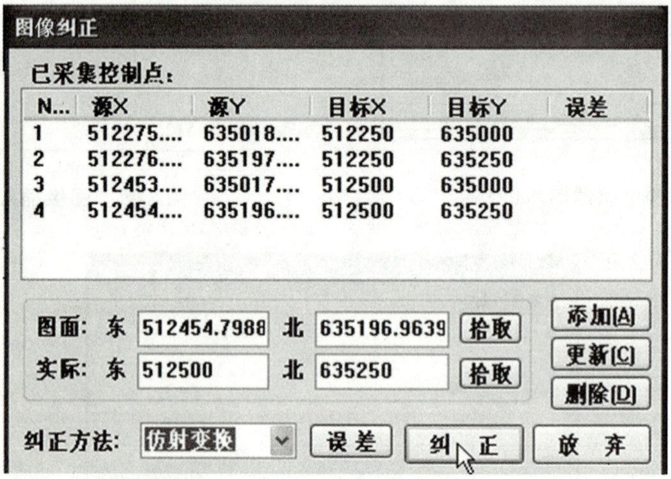

图 8-21　图像插入(14)

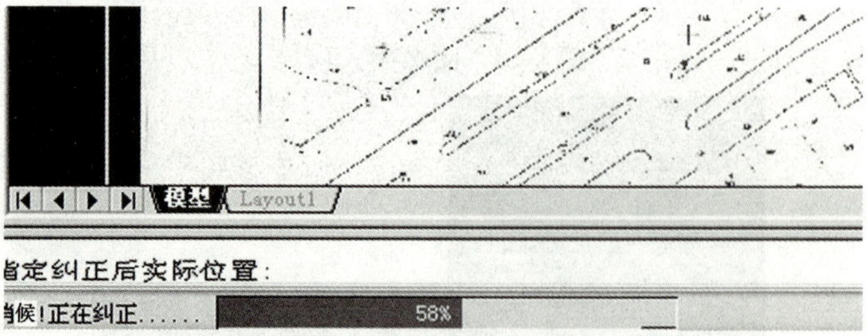

图 8-22　图像插入(15)

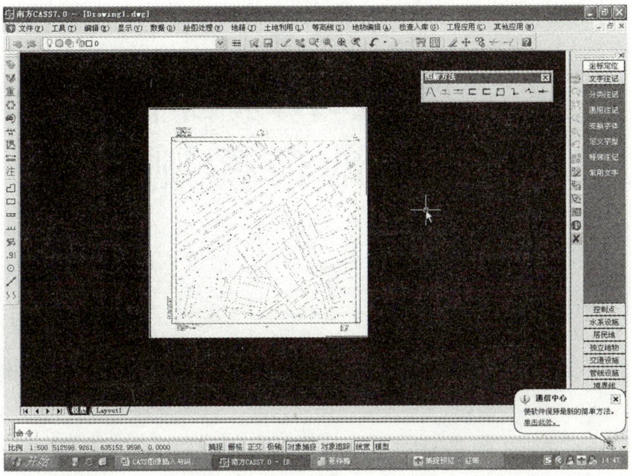

图 8-23　纠正完毕后结果

图 8-24　画图工具(1)

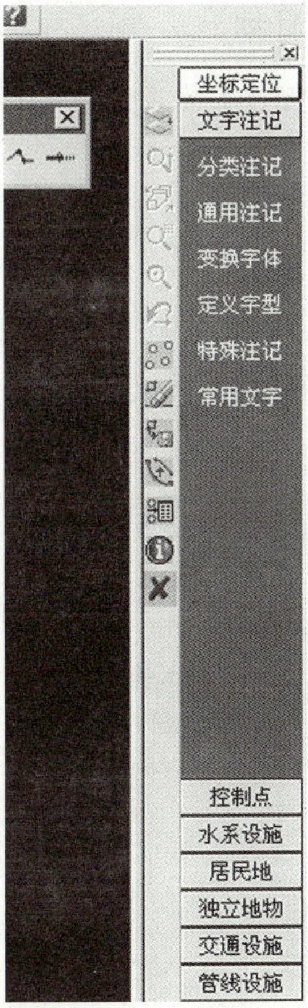

图 8-25　画图工具(2)

数字化成图技术综合性实训一
数字化地形图测绘

一、实训目的与要求

(1)实践一级导线的布设过程,掌握一级导线布设技术要求,掌握一级导线测量观测方法和计算方法。

(2)熟练掌握全站仪的操作使用方法,了解数字测图的基本要求和成图过程。

(3)学会带内存的全站仪与计算机之间的数据传输。

(4)了解 CASS 软件界面,学会利用 CASS 软件进行绘图的基本命令,掌握利用 CASS 软件进行内业地形图绘制的方法。

二、实训计划

数字化成图技术教学实训分为控制测量教学实训和数字测图教学实训以及数字测图内业处理教学实训三部分,在数字化测图原理与方法课堂教学结束后进行,时间均为 4 学时。

三、实训组织

实训组织工作由课程主讲教师全面负责,每班配备 2 名教师负责实训指导工作。每班分为若干实训小组,每组 5 ~6 人,设组长 1 名,实行组长负责制,组长负责全组的实训分工和仪器管理。

四、仪器设备与工具

各组配备下列仪器、工具:

(1)2″全站仪(包括电池、充电器)1 台, RS232 连接线 1 根,棱镜觇牌 2 套(箱),三脚架 3 个,棱镜杆 2 根,2 m 钢卷尺 1 个,工具包 1 个,记录板 1 块,计算器 1 个。

(2)装有网络版 CASS 软件系统的计算机数台。

(3)CASS 绘图系统使用说明书 1 份。

五、实训过程

(一)控制测量

利用全站仪,完成不少于 4 个测站的工程测量一级导线的选点、埋桩、测角、测边、计算、编制坐标成果表等工作。

(1)选点:选择一固定点作为起始点(也可假定其坐标),选出一条约 2 km(导线边不超过 12 条)的闭合或附合导线。导线点应选在道路路边,不得将点选在道路中间,以免发生安全事故。点位确定后，要做好标记并编号，画出导线略图。

（2）测角：分别观测连接角和转折角，为防止出错和便于计算，应统一观测左角或右角，水平角观测采用测回法，若观测方向超过3个方向，采用方向法。

角度观测数据应记录在导线测量记录手簿（见表1）中。

（3）测边：测边采用全站仪直接完成，按照导线测边技术要求（见表2），原始观测数据记录在导线测量记录手簿中边长测量栏中。

（4）计算：外业观测结束后，应对手簿进行全面检查，保证观测成果满足要求；整理观测数据，绘制观测略图；利用导线计算表计算各导线点坐标。

表1　导线测量记录手簿

观测者：　　　　记录者：　　　　观测日期：　　　　仪器型号：　　　　仪器高：

水平角观测									边长测量					备注
测站	测回数	觇点	盘左观测	盘右观测	2C	平均方向值	归零后方向值	各测回平均方向值	导线边（起点—终点）	测回数	边长	一测回平均边长	各测回平均边长	

表2　导线测边技术要求

测距仪	观测次数	总测回数	一测回中读数（次）	一测回中读较差（mm）	各测回中互差（mm）
Ⅰ级	1	2	3	10	15

限差项目	J2型
两次重合读数差	—
半测回归零差	12
一测回2C互差	18
测回互差	12

（二）野外数据采集

1. 准备工作

将控制点、图根点平面坐标和高程值抄录在成果表上备用。

每日施测前，应对数据采集软件进行试运行检查，对输入的控制点成果数据需进行显示检查。

2. 数据采集方法及要求

实训采用全站仪采集数据和手工绘制草图的数字测图方法。

碎部点坐标采用极坐标法测量，碎部点高程采用三角高程测量。

设站时，仪器对中误差不应大于 5 mm，照准一图根点作为起始方向，观测另一图根点作为检核，算得检核点的平面位置误差不应大于图上 0.2 mm。检查另一图根点高程，其较差不应大于 0.1 m。

每站测图过程中，应经常归零检查，归零差不应大于 1′。仪器高和棱镜中心高应量记至毫米。

采集数据时，角度应读记至秒，距离应读记至毫米。测距最大长度为 300 m。高程注记点应分布均匀，间距为 15 m，平坦及地形简单地区可放宽至其 1.5 倍。高程注记点应注记至厘米。

工作结束后，应及时对采集的数据进行检查。若草图绘制有错误，应按照实地情况修改草图。若数据记录有错误，可修改测点编号、地形码和信息码，但严禁修改观测数据，否则须返工重测。对错漏数据要及时补测，超限的数据应重测。

数据文件应及时存盘并备份。

3. 测量内容及取舍

测量控制点是测绘地形图的主要依据，在图上应精确表示。房屋的轮廓应以墙基外角为准，并按建筑材料和性质分类，注记层数。房屋应逐个表示，临时性房屋可舍去。

建筑物和围墙轮廓凸凹在图上小于 0.4 mm（简单房屋小于 0.6 mm）时，可用直线连接。校园内道路应将车行道、人行道按实际位置测绘。其他道路按内部道路绘出。

沿道路两侧排列以及其他成行的树木均用“行树”符号表示。符号间距视具体情况可放大或缩小。

电线杆位置应实测，可不连线，但应绘出电线连线方向。

架空的、地面上的管道均应实测，并注记传输物质的名称。地下管线检修井、消防栓应测绘表示。

沟渠在图上宽度小于 1 mm 的用单线表示，并注明流向。

斜坡在图上投影宽度小于 2 mm 的用“陡坎”符号表示。当坡、坎比高小于 0.25 m 或在图上长度小于 5 mm 时，可不表示。

各项地理名称注记位置应适当、无遗漏，居民地、道路、单位名称和房屋幢号应正确注记。

（三）数据传输

（1）用 RS232 连接线连上全站仪与计算机。

（2）打开全站仪，设置全站仪通信参数，并准备好数据发送。

（3）打开计算机进入 Windows 系统，双击 CASS 图标进入 CASS 系统。

(4)移动鼠标至绘图屏幕的最上方“数据处理”处,按左键,出现下拉菜单。

(5)移动鼠标至“数据通信”的“全站仪器—>微机”项,按左键, 进入其子菜单。

(6)在“文件(N)”后的空栏里(光标闪烁处)输入想要保存的文件名,要注意文件的路径,为了避免找不到文件,可以输入完整的路径。输入完文件名后,移动鼠标至“保存(S)”处,按左键。

(7)在全站仪上按“发送”、“确定”键,完成数据的传输。

(四)内业成图

1.草图法工作方式中的点号定位法作业流程

1)定显示区

首先移动鼠标至“绘图处理”项,按左键,即出现一个下拉菜单。然后选择“定显示区”项,按左键,即出现一个对话框。

直接通过键盘输入碎部点坐标数据文件名。如在“文件(N)”后的空栏里(光标闪烁处)输入 C:\CASS40\DEMO\YMSJ.DAT 后,再移动鼠标至“打开(O)”处,按左键。

这时,命令区显示最小坐标值和最大坐标值。

2)选择测点点号定位成图法

移动鼠标至屏幕右侧菜单区的“测点点号”项,按左键,出现一个对话框。

输入点号坐标数据文件名,如 C:\CASS40\DEMO\YMSJ.DAT 后,命令区提示:

读点完成!共读入60点。

3)绘平面图

移动鼠标至屏幕的顶部菜单“绘图处理”项, 按左键,这时系统弹出一个下拉菜单。再移动鼠标至“展点”项的“野外测点点号”项,按左键,便出现一个对话框。输入对应的坐标数据文件名 C:\CASS40\DEMO\YMSJ.DAT 后,便可在屏幕上展出野外测点的点号。

根据外业草图,选择相应的地图图式符号在屏幕上将平面图绘出来。

2.绘制等高线的作业流程

1)建立数字地面模型(构建三角网)

如展点时可选择“高程点”选项,要求输入文件名时输入 C:\CASS40\DEMO\DGX.DAT,选择“打开”后命令区提示:

注记高程点的距离(米):

根据规范要求输入高程点注记距离(注记高程点的密度),回车则默认为注记全部高程点的高程。

移动鼠标至屏幕顶部菜单“等高线”项,按左键,出现下拉菜单。

移动鼠标至“由数据文件建立 DTM”项,该处以高亮度(深蓝色)显示,按左键,出现一个对话框。

输入文件名 C:\CASS40\DEMO\DGX.DAT,将鼠标左键移至“打开”按钮处并点击左键后命令区提示:

请选择:1.不考虑坎高 2.考虑坎高 <1>:(回车,默认选 1)

请选择地性线:(地性线应过已测点,如不选则直接回车)

Select objects:(回车,表示不选地性线)

请选择：1. 显示三角网 2. 不显示三角网 <1>：(回车，默认选1)

命令区提示生成的三角形个数，并生成三角网。

2)绘制等高线

在"新建图形"的状态下绘制，系统会提示输入绘图比例尺。

用鼠标选择"等高线"下拉菜单的"绘制等高线"项，命令区提示：

最小高程为490.400米，最大高程为500.230米

请输入等高距〈单位：米〉：(根据比例尺，按规范要求输入等高距，例如输入1，回车)

请选择：1. 不光滑 2. 张力样条拟合 3. 三次B样条拟合 4. SPLINE <1>：(选择等高线绘制的方式，例如输入3，回车)

正在绘图，请稍候！

当命令区显示"绘制完成！"时，便完成绘制等高线的工作。

3)等高线的修饰

删除三角网：用鼠标选择"等高线"项的"删三角网"即可。

注记等高线：用"窗口缩放"项得到局部放大图，再选择"等高线"下拉菜单中"等高线注记"的"高程"项，命令区提示：

选择需注记的等高(深)线：(移动鼠标至要注记高程的等高线位置A(见图1)，按左键)

依法线方向指定相邻一条等高(深)线：(移动鼠标至等高线位置B(见图1)，按左键。等高线的高程值即自动注记在A处，且字头朝B处)

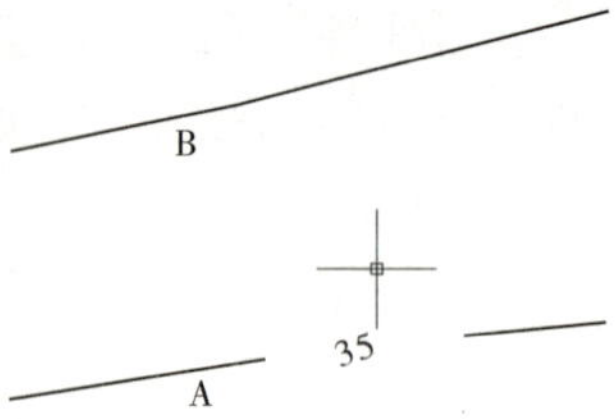

图1　注记等高线

六、应交成果

各组应对完成的成果按规范进行严格检查。实训结束后，小组应提交以下成果：

(1)导线选点图、导线略图、导线测量手簿。

(2)导线计算表1份。

(3)控制点成果表。

(4)外业观测草图一幅。

(5)原始测量数据文件。

(6)碎部点成果文件。

(7)1∶500数字地形图文件。

个人应提交实训报告1份。

七、实训注意事项

（1）实训中，学生应遵守“仪器及工具借用办法”、“测量仪器、工具的正确使用和维护方法”、“测量资料的记录要求”的有关规定。

（2）实训期间，各组组长应切实负责，合理安排小组工作，应使每一项工作都由小组成员轮流负责，使每人都有练习的机会，切不可单纯追求实训进度。

（3）实训中，应加强团结。小组内、各组之间、各班级之间都应团结协作，以保证实训任务的顺利完成。

（4）实训期间要特别注意仪器的安全。

数字化成图技术综合性实训二
扫描矢量化

一、实训目的和要求

(1)了解扫描仪原理及扫描地形图的方法。

(2)了解空间数据采集的方法。

(3)理解栅格图矢量化技术原理及方法。

(4)了解 CASS7.0 数字化成图软件的系统组成及功能。

(5)熟练掌握栅格图矢量化的步骤。

(6)掌握 AutoCAD 与 GIS 数据格式转换的方法。

(7)了解 AutoCAD 地形图的打印方法。

二、实训任务

(1)每人完成一幅 1:500 矢量图的数据格式转换(DWG→MDB)。

(2)每人完成一幅 1:500 栅格图的矢量化。

(3)每人编写一份实训报告。

三、实训仪器设备

装有 AutoCAD2006、CASS7.0、ArcMap 软件的计算机若干台。

四、实训过程

(一)纸质地形图扫描

使用扫描仪对纸质地形图进行扫描。

(二)栅格图矢量化

1. CASS7.0 概述

CASS7.0 是基于 AutoCAD2006 平台的数字成图系统。主要功能有:提供地形图、地籍图、土地利用图的数字化功能;提供测量工程应用的辅助功能(如道路设计、土方计算等)。

CASS7.0 的操作界面主要分为三部分——顶部下拉菜单、右侧屏幕菜单和工具栏,如图 1 所示。每个菜单项均以对话框或命令行提示的方式与用户交互,操作灵活方便。

2. 插入图框

1)图框设置

打开 CASS 7.0,选择菜单“文件”→“CASS 参数配置”,在弹出的“CASS7.0 参数设置”对话框中选择“图框设置”选项卡,根据扫描图廓内容分别填写测绘单位、成图日期、坐标系、高程基准、图式、测量员、绘图员、检查员、密级等,如图 2 所示。

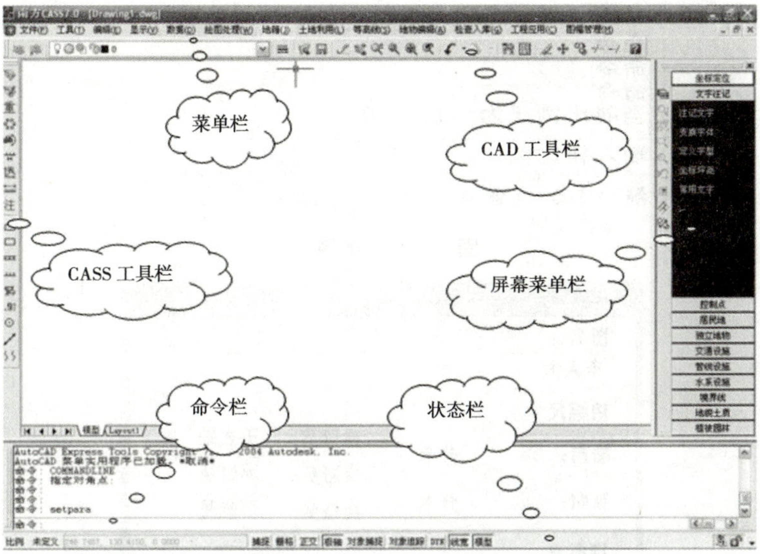

图 1　CASS7.0 的操作界面

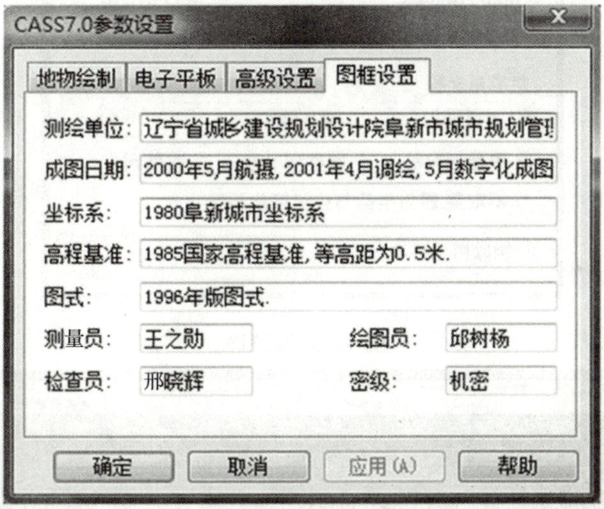

图 2　图框设置

2)设置比例尺

选择菜单“绘图处理”→“改变当前图形比例尺”，在命令行中输入新比例尺 1∶500，如图 3 所示。

3)插入图框

选择菜单“绘图处理”→“标准图幅”，在弹出的“图幅整饰”对话框中输入相应的图框信息(图名、接图表)和图框左下角坐标(以米为单位)，如图 4 所示。点击“确认”按钮，此时，在工作窗口中将会插入一个 1∶500 标准图幅的矢量图框(见图 5)。

3. 插入栅格图像

选择“工具”菜单下的“光栅图像→插入图像”，插入一幅扫描好的栅格图(见图 6)。

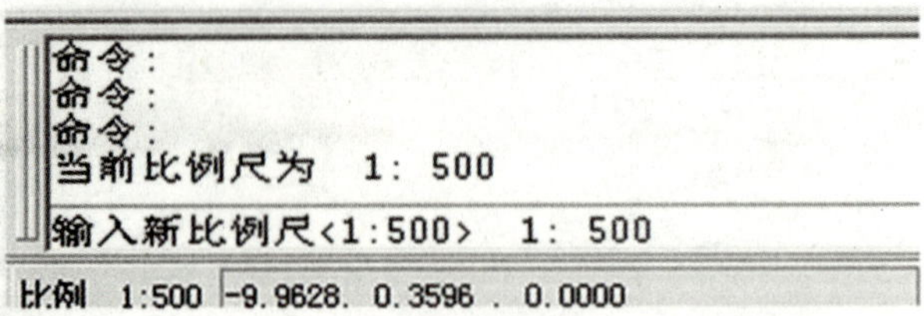

图 3　设置比例尺

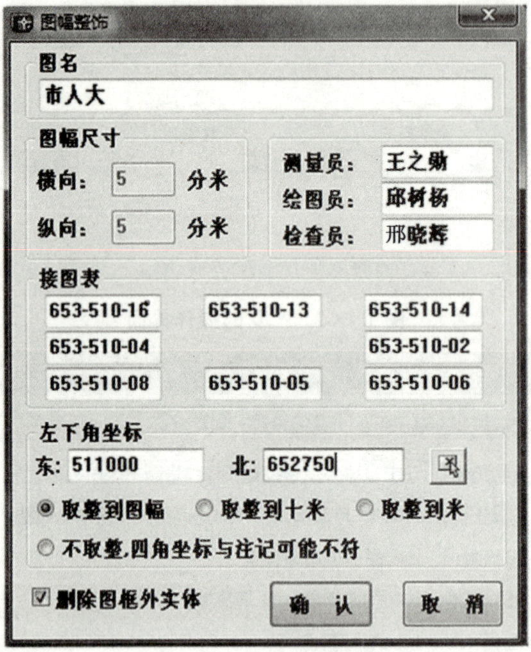

图 4　图幅整饰

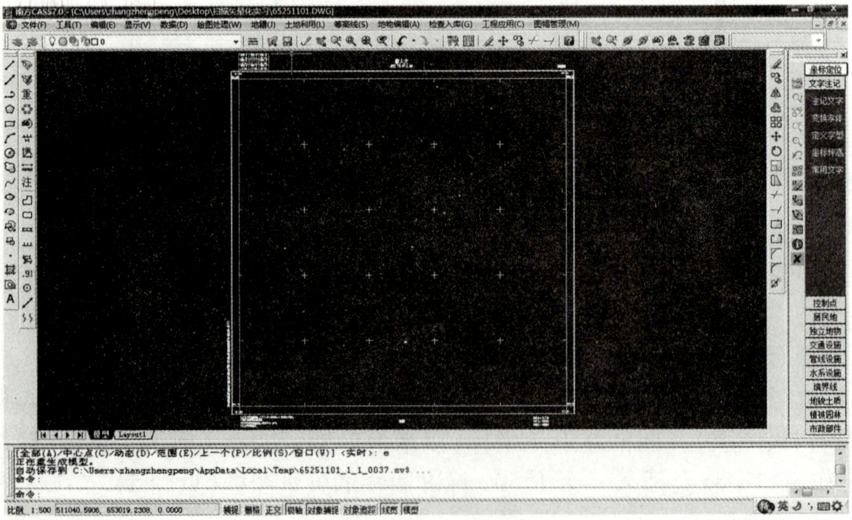

图 5　插入的图框

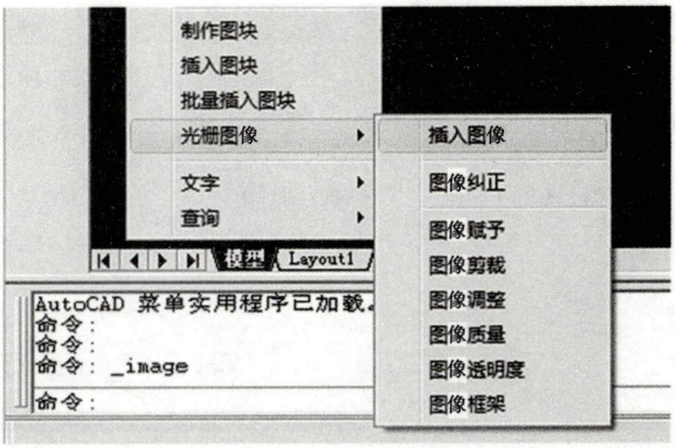

图 6　插入图像菜单

在弹出的“图像管理器”对话框（见图 7）中选择“附着”按钮，弹出“选择图像文件”对话框（见图 8）；选择要矢量化的栅格图，点击“打开”按钮，进入“图像”对话框（见图 9），点击“确定”按钮。命令行将提示：

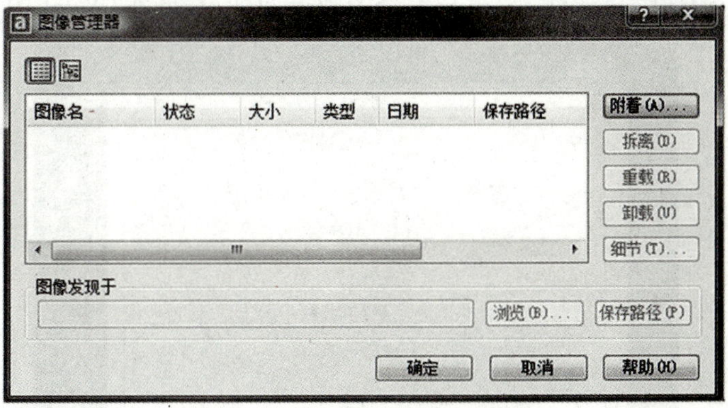

图 7　“图像管理器”对话框

图 8　“选择图像文件”对话框

指定插入点 <0,0>：

输入图像的插入点坐标或直接在屏幕上点取，系统默认为（0,0）。这里在之前插入

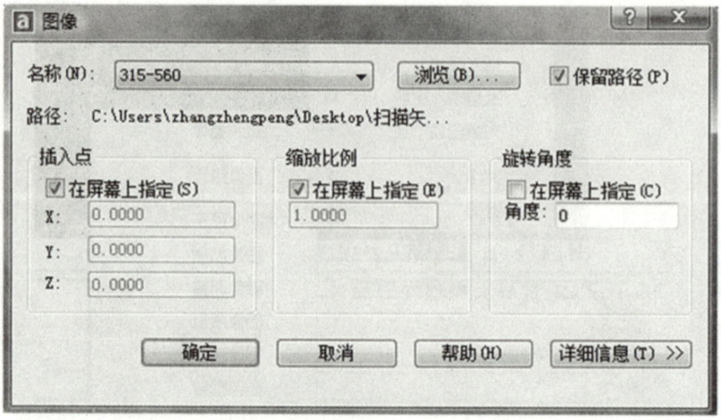

图 9 “图像”对话框

的矢量图框左下角指定插入点。

命令行显示基本图像的大小,自动跳到下一命令:

指定缩放比例因子或[单位(U)] <1>:

用鼠标指定图形缩放比例,大小与矢量图廓近似即可,回车(见图 10)。

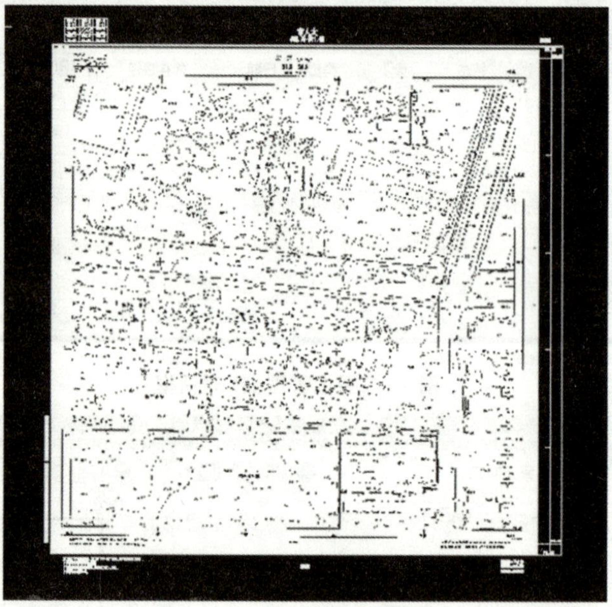

图 10 插入的栅格图像

4. 图像纠正

(1)选择“工具”→“光栅图像”→“图像纠正”,命令行提示:

选择要纠正的图像:(放大图像,用鼠标选择图像的最外框边缘处,弹出“图像纠正”对话框,见图 11)

(2)在弹出的“图像纠正”对话框中,选择四点纠正方法“仿射变换”,点击“图面”栏后的“拾取”按钮,回到光栅图,局部放大后选择图框内角点或已知点,此时自动返回“图像纠正”对话框,点击“实际”栏后的“拾取”,再次返回光栅图,选取控制点图上实际位置,

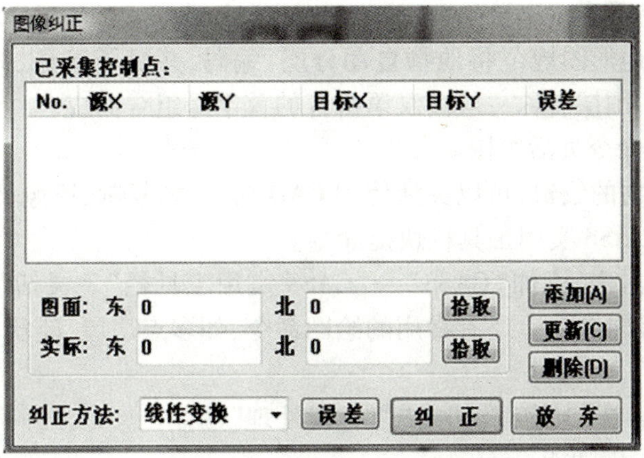

图 11 “图像纠正”对话框

返回“图像纠正”对话框后，点击“添加”，添加此坐标。完成一个控制点的输入后，依次拾取输入各点，最后进行纠正。此方法最少要输入 4 个控制点。纠正之前可以查看误差大小（一般误差不大于 0.2 mm，否则重新选取控制点）。值得注意的是，在纠正过程中将会对栅格图像进行重写，覆盖原图，自动保存为纠正后的图形，所以在纠正之前需备份原图。

注意：“赫尔默特”至少要 3 个控制点、“仿射变换”至少要 4 个控制点、“线性变换”至少要 5 个控制点、“二次变换”至少要 7 个控制点、“三次变换”至少要 11 个控制点（均包含 1 个多余观测点）。

如果图纸变形较大，可以采取多次纠正的办法，如先进行线性或二次纠正，然后进行仿射纠正，一般经过两次纠正后，栅格图像能达到数字化所需的精度。

（3）利用“工具”→“光栅图像”，还可以对图像进行图像赋予、图像剪裁、图像调整、图像质量、图像透明度、图像框架等操作。可以根据具体要求，对图像进行调整。

（4）图像纠正完毕后，保存 CAD 文件。

5. 栅格图矢量化

利用右侧屏幕菜单进行图形的矢量化工作。选定“坐标定位”后，根据需要利用图式符号进行矢量化工作。利用右侧屏幕菜单分别绘制控制点、居民地、独立地物、交通设施、管线设施、水系设施、植被园林、地貌土质、境界线等地物和地貌符号（详细操作过程略，听指导教师现场讲解）。

1）点状地物的矢量化

有高程点的矢量化和独立地物符号的矢量化。

2）线状地物的矢量化

有交通、水系、围墙、境界线、等高线、陡坎、管线等的矢量化。

3）面状地物的矢量化

有房屋、植被园林等的矢量化。

4）文字注记

有村名、企事业单位名称、道路名称、图框等注记。

6. 保存工作成果

注意事项如下：

(1)遵照规范矢量化。

矢量化后按照地形图规范将地物自动分层、编码,并赋予颜色、线型、大小等属性信息,不能随意修改。图层名称一般由汉语拼音的首字母组合而成。

(2)结合 CAD 命令灵活绘图。

矢量化中对地物的编辑,可以灵活使用 CAD 命令,如复制、镜像、修剪、延伸等。

(3)灵活使用 CASS 实用工具栏快捷命令。

在菜单空白处右击,添加"CASS"→"CASS 实用工具栏"。灵活使用实体编码、线型换向、修改坎高等编辑命令。还有常用的绘图命令,如多点房屋、陡坎、道路、高程点、电力线等。

(4)灵活使用菜单"地物编辑"→"复合线处理"功能。

(5)使用检查入库功能。

矢量化后的图形检查:图形实体检查、删除重复实体、等高线穿越检查等。

(6)及时备份原图。

纠正过程中将会对栅格图像进行重写,覆盖原图,自动保存为纠正后的图形,所以在纠正之前需备份原图。

(7)及时保存矢量图。

在操作过程中要注意经常存盘,以防操作不慎导致丢失。正式工作时,最好不要把数据文件或图形保存在 CASS 或其子目录下,应该创建工作目录,将栅格图像与矢量图保存在同一目录下。

(8)注意命令区的提示。

在执行各项命令时,每一步都要注意看命令区的提示。当出现"Command:"提示时,要求输入新的命令;当出现"Select objects:"提示时,要求选择对象,等等。当一个命令没执行完时,最好不要执行另一个命令,若要强行终止,可按键盘左上角的 Esc 键或在按 Ctrl 键的同时按下字母 C 键,直到出现"Command:"提示。

(9)注意利用多种途径执行相关命令。

可根据自己的喜好灵活选用快捷工具按钮、下拉菜单或在命令区输入命令。

(三)数据格式转换

1. 矢量拓扑检查

矢量化后的图形,在进入 GIS 系统前,要进行拓扑检查。在 CASS 下拓扑检查的步骤如下。

(1)清理图形。

功能:将当前图形中冗余的图块、图层、线型、字体等清除掉。

操作过程:选择相应的类或者各类下面需要删除的对象,按"清除"按钮就可完成对冗余图块、图层、线型、字体等的清理操作。其中,在选中一类删除时,系统会提示用户是逐一确认后删除,还是全部一次删除。按"清理全部"键将使系统根据图形自己判断并删除冗余的数据,同样系统也有相应的确认提示。

这里使用"清理全部"命令:"菜单"→"文件"→"清理图形"→"以上全部"→命令行"回车"→"N"。

(2)图形实体检查。

首先，选择“菜单”→“检查入库”→“图形实体检查”，在弹出的“图形实体检查”对话框中，点击“全选”→“检查”（建议检查修改前先将原图形进行备份）。

其次，检查后，在CASS屏幕的左边会显示检查出的错误。

再次，左键双击其中的每个错误进行改正，双击后错误处会在图上闪动，在闪动的线上双击，即可进行改正。

最后，可以用“全选”→“批量修改”来完成大部分项目的自动修改，但是会出现错误，例如面状封闭将首尾相连形成错误的图形，需要键入“pe”命令→选择对象→键入“O”打开。

a. 编码正确性检查。

目的：检查地物是否存在编码。

修改方法：左键双击错误行，双击后错误处会在图上闪动→找到一个或创建一个与要修改地物一样的实物→点击“加入实体编码”（在屏幕左侧）→根据命令区提示，先点击有编码的实体，再点击要修改的实体→回车确定。

b. 属性完整性检查。

目的：检查地物的属性值是否完整。

修改方法：左键双击错误行，双击后错误处会在图上闪动→在“属性对话框”中黑体显示的就是缺少的（不显示的则加入实体编码后就会显示了）、不完整的，加入即可。“属性对话框”可通过选择“显示”→“打开属性对话框”打开。

注意：要知道一个图形实体应具备何种属性，点击“检查入库”→“地物属性结构设置”，即可查出相关属性信息。

c. 图层正确性检查。

目的：检查地物是否按规定的图层放置，防止误操作。

修改方法：

①一般直接批量修改即可。

②若修改后再检查，仍提示修改过的地方有错误，则有可能是因为此地方有两个或多个实体重叠，此时只需拖动图形移开，即可看到另一实体，将其删除即可。

d. 符号线型线宽检查。

目的：检查线状地物所使用的线型是否正确。

修改方法：

①一般直接批量修改即可。

②有些错误是因为CASS中的图形绘制有所改变，修改前可在旁边画一个新的图形实体，然后再操作。

例如，“依比例围墙”，原来画出来是线，现在是图块，则要修改的操作方法为：画一个“依比例围墙”→在CASS的“编辑”菜单下选择“编组选择”→单击“off”→右键双击图块，弹出“参照编辑”对话框（“参照名”下的“gc002”即是图块名）→确定→“其他应用”→“图形实体转换”→“编码”→图块（选择“单个”或“批量”）→命令区提示“输入待处理编码”，输入要修改的线的代码，回车→命令区提示“输入图块名”，输入相应名称，回车→命令区提示“共转换×××个图形实体”。

e. 线自相交检查。

目的：检查地物之间是否相交。

操作时，可先选“检查入库”→“图形实体检查”，再选“复合线重复点检查”，可减少部分错误，限差可设为“0.01”。

修改方法：双击该对象→几何图形→顶点展开→点击左（右）箭头顺序走一遍→发现重复多余点→屏幕上方菜单“地物编辑”→“复合线处理”下的“复合线上删点”（点击所在点的复合线和要删除的点，回车）→重新检查一遍。

若还有无法处理的点，则进行以下操作：

①选择“检查入库”→“删除复合线多余点”→命令区提示：请输入滤波阀值，输入“0.1”或“0.01”，回车→命令区提示：选择对象，输入“ALL”，回车，再回车。

②选择“编辑”→“断开”→“选物体，第2点”，将线断开，然后选择“检查入库”→“删除复合线多余点”→命令区提示：请输入滤波阀值，输入“0.1”或“0.01”，回车→命令区提示：选择对象，输入“ALL”，回车，再回车（断开后，非房屋的图形可以不闭合，可不将线再连接，如道路）。

③若有点在经过已有两点的连线上，且线是断开的，则选择“编辑”→“延伸”，将线延伸，再选择“检查入库”→“删除复合线多余点” →命令区提示：请输入滤波阀值，输入“0.001”，回车→命令区提示：选择对象，输入“ALL”，回车，再回车。

④依照原图形重新绘制一遍（不要出现重复多余点），然后点屏幕上方菜单“显示”→显示顺序“后置”→选择对象→删除原来的图形。

注意：修改时，有线自相交的查不到等情况（在图上看不到），可选择“检查入库”→“图形实体检查”→“线自相交检查” →“批量修改”，即可找到坐标，然后复制该坐标到命令区中，回车，可查到该点位置。

f. 高程注记检查。

目的：检查图面高程点注记与点位实际的高程是否相符。

修改方法：对着对象点击鼠标左键→对象变为虚线→点击鼠标右键→特性→左上角弹出属性框→height→修改高程数值。

g. 建筑物注记检查。

目的：检查建筑物图面注记与建筑物实际属性是否相符。

此项错误检查一般是指房屋内的注记与实体图形不吻合，故需修改。

修改方法：检查出来后，选择“地籍”→“建筑物标准”→“设置结构和层数”→命令区提示“选择建筑物”→点击选择→弹出“建筑物信息”对话框→修改后确定即可。

h. 面状地物封闭检查。

目的：检查面状地物是否封闭。

修改方法：

①在错误的图形一角上单击，出现蓝色方框，然后选择屏幕上方“对象特征”→“其他”→在“闭合”上选择“是”即可。

②如上述方法不能改正，或改正后出现首尾相连状况，则在命令区中键入“boundary”

命令→弹出“边界创建对话框”→点击“拾取点”→选择内部点(在图形任意一位置点一点,然后将鼠标移到图形外,单击鼠标右键,此时图形变为白色)→“加入实体编码”→选择相同已有地物或新绘制的此地物→选择修改对象(所要修改的图形)→屏幕上方菜单“显示”→显示顺序“后置”→选择对象(用鼠标左键在图形上单击,出现蓝色方框,将鼠标移到“移动”处,单击,将鼠标放在刚点击的图形上,单击进行移动,单击移动出来的图形)→删除原来的图形(点击键盘上的“DEL”键)。

③用“pl”命令画出未封闭区域→屏幕上方菜单“地物编辑”→复合线处理“相邻的复合线连接”→先选择已有图形,再选择需要连接的复合线→“加入实体编码”→选择相同已有地物→选择修改对象。

i. 复合线重复点检查。

目的:剔除复合线中与相邻点靠得太近又对复合线的走向影响不大的点,从而达到减少文件数据量,提高图面利用率的目的。

修改方法:

①一般选择“检查入库”→“图形实体检查”→“批量修改”即可。

②也可以在检查出来错误后,点击显示错误→“检查入库”→“删除复合线多余点”→命令区提示“请输入滤波阀值<0.5 米>”,输入相应数据→命令区提示“请选择要进行滤波的复合线” →回车。

j. 等高线高程值检查。

目的:检查等高线高程注记是否有错。

修改方法:一般选择“检查入库”→“图形实体检查”→“批量修改”即可。

(3)过滤无属性实体。

(4)删除伪结点。

(5)删除复合线多余点。

(6)删除重复实体。

(7)等高线检查(穿越地物检查、高程注记检查、拉线高程检查、相交检查)。

2. 数据格式转换(DWG→MDB)

(1)依次进入“开始”→“程序”→“FME”→“FME Universal Viewer”,启动“FME Universal Viewer”软件。

(2)单击工具栏上的“Open Dataset(打开数据集)”。

(3)在打开的“Select Dataset to View”(选择要查看的数据集)对话框中,单击格式浏览按钮,在打开“Format Gallery”对话框中,向下滚动格式列表找到“Autodesk AutoCAD DWG/DXF”,勾选“In List”,确定。返回“Select Dataset to View”对话框后,点击“Dataset Browse”(数据集浏览)按钮,打开“文件浏览”窗口,在“文件浏览”窗口中选择需要浏览的DWG 数据,点击“打开”按钮并返回“Select Dataset to View”对话框,如图 12 所示。

(4)点击“Settings”(设置)按钮,打开 AutoCAD 数据设置界面(见图 13),将“Group Entities By”中的“Layer Name”选项选中,将“Expand Blocks into Entities”设置为不选中的状态,其他参数默认。点击“确定”按钮返回“Select Dataset to View”对话框。

(5)在“Select Dataset to View”对话框中,单击“确定”按钮,系统就会读取数据并将数

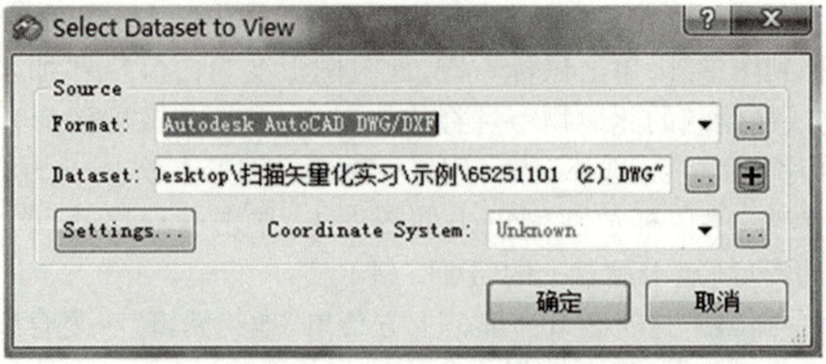

图 12 "Select Dataset to View"对话框

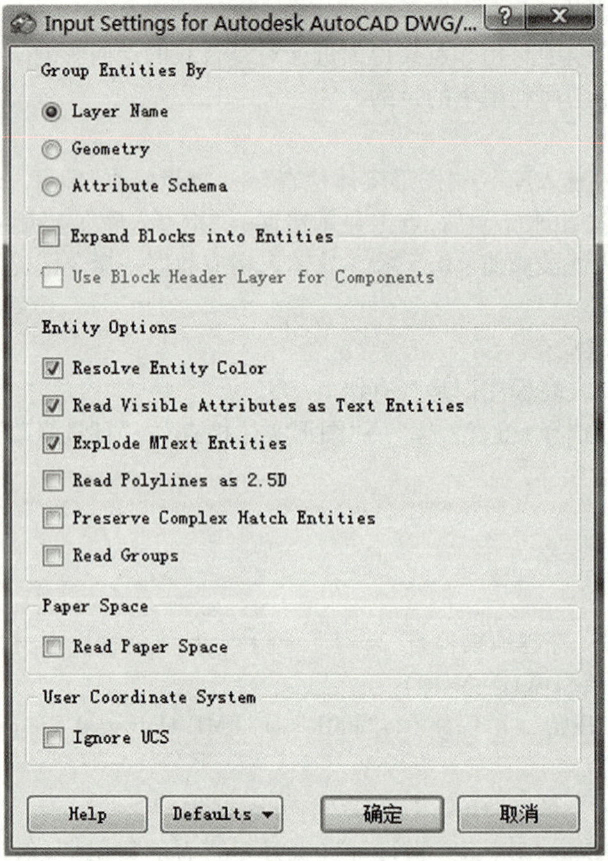

图 13 AutoCAD 数据设置界面

据显示在视图中,如图 14 所示。

(6)选择工具栏上的"选择要素"工具,点击想要查询的要素(可以选择一个或多个要素),要素被选中后变为绿色,同时,属性在右边的"信息"窗口中被显示,如图 14 所示。

(7)点击菜单"File"→"Save Data As",在弹出的对话框中设置数据格式、保存数据源目录及名称(见图 15),点击"确定"。

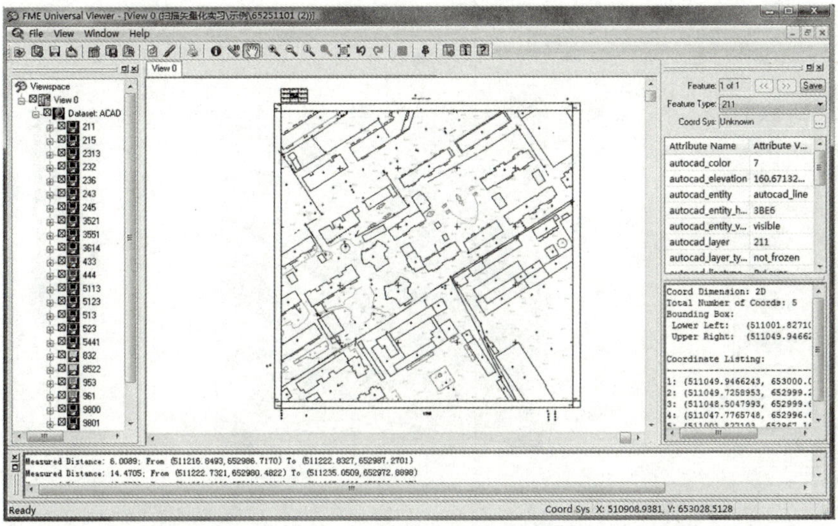

图 14　DWG 数据集显示图

图 15　MDB 数据格式转换对话框

(8)打开 ArcMap,加载 MDB 数据,如图 16 所示。

(四)地形图打印

(1)加载数字化后的地形图,打开图层管理器,将所有图层设置为“打开”、“解冻”、“解锁”、“打印”状态。

(2)在命令行输入“z”→“e”,显示全图。

(3)点击“文件”→“打印”,弹出“打印设置”对话框,点击“打印设备”页面,配置打印机为“HP 800/5000. PC3”,设置打印份数“1”。注意:如果要黑白打印,应先将所有图层颜色设置为“白”,采用灰度打印。

(4)点击“特性”→“自定义特性”,设置图纸打印方向,图纸尺寸自定义大小为 600 mm ×600 mm。

(5)点击“打印设置”页面,在“图纸尺寸”下拉框中选择之前自定义的图纸尺寸(600 mm ×600 mm),设置“图形方向”、“打印区域(范围)”、“打印比例(1 毫米 =0.5 单位)”,选择“居中打印”。点击“完全预览”,图形显示无误后按 Esc 键,返回“打印设置”对话框,点击“确定”,开始打印。

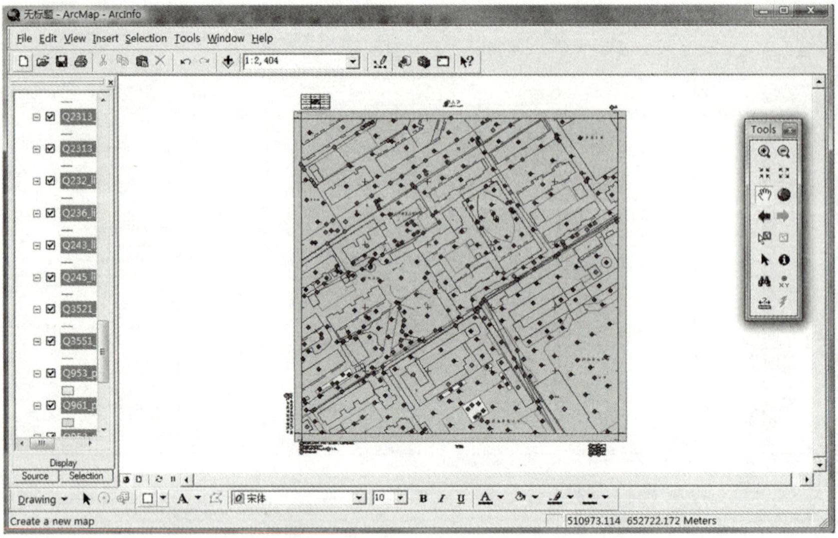

图 16 ArcMap 加载 MDB 数据

在实训过程中,可参考 CASS7.0、AutoCAD2006 的帮助文档。

五、应交成果

(1)1∶500 矢量化地形图电子版 2 份(DWG 格式、MDB 格式)。

(2)1∶500 矢量化打印纸质地形图一份。

(3)实训报告一份。

注:以上为每人提交的成果;实训报告格式必须统一,参考计算机地图制图实训报告模板。

六、实训注意事项

(1)注意维护实训设备,严格按照规范操作,损坏者按价赔偿。

(2)遵守有关知识产权保护法规和数据资料使用许可协议,未经指导教师批准,不得私自拷贝、共享数据和相关资料。

(3)上交成果不允许出现雷同,一经发现实训成绩为 0。

(4)根据指导教师规定,按时上交成果,过期不处理。